变电站标准化工作手册

变电运维

国网内蒙古东部电力有限公司设备管理部　编

中国电力出版社
CHINA ELECTRIC POWER PRESS

内 容 提 要

近年来，以特高压为代表的电网发展和技术进步给变电站标准化工作提出新课题，日趋严格的生产安全法治环境给变电站规范化管理带来新挑战。为进一步加强变电站标准化工作，国网内蒙古东部电力有限公司设备管理部组织编制了《变电站标准化工作手册》丛书。丛书包括《标准化体系研究与构建》《变电运维》《变电检修》《电气试验》4 个分册，涵盖变电站标准化体系的构建方法以及运维、检修、试验各类生产业务的执行周期、业务流程、工作标准和工作记录，这些内容是变电站实现标准化工作和规范化管理的重要基础和体系保障。丛书图文并茂、直观易学，具有很强的实用性和可推广性。

本分册为《变电运维》，共 9 章，分别为变电站运维基础管理标准化规范、新工程（设备）投运标准化规范、设备巡视标准化规范、运行操作标准化规范、现场作业管理标准化规范、专项预防运维管理标准化规范、设备缺陷及故障处理标准化规范、运维装备设施管理标准化规范、设备评价标准化规范，全面介绍了交接班管理、运维计划管理、生产准备、设备验收、运行规程、设备巡视、倒闸操作等 49 项变电站运行维护业务的执行周期、业务流程、工作标准和工作记录。

本丛书既可作为变电站生产管理和专业技术人员的工作指导用书，也可作为员工职业培训和高等院校电气工程专业学生的实习书籍。

图书在版编目（CIP）数据

变电站标准化工作手册．变电运维/国网内蒙古东部电力有限公司设备管理部编．—北京：中国电力出版社，2019.11（2022.6重印）

ISBN 978-7-5198-3231-5

Ⅰ.①变…　Ⅱ.①国…　Ⅲ.①变电所—电力系统运行—标准化—技术手册　Ⅳ.①TM63-65

中国版本图书馆 CIP 数据核字（2019）第 274607 号

出版发行：中国电力出版社
地　　址：北京市东城区北京站西街 19 号（邮政编码 100005）
网　　址：http：//www.cepp.sgcc.com.cn
责任编辑：赵　杨（010-63412287）
责任校对：黄　蓓　李　楠
装帧设计：张俊霞
责任印制：石　雷

印　　刷：北京九天鸿程印刷有限责任公司
版　　次：2019 年 11 月第一版
印　　次：2022 年 6 月北京第二次印刷
开　　本：710 毫米×1000 毫米　16 开本
印　　张：13.25
字　　数：204 千字
印　　数：2501—3000 册
定　　价：86.00 元

《变电运维》编写人员

主　编　李文震　冯新文

副主编　郭海波　张俊双　山　雨

参　编　苗春雨　王富元　范胜国　何永春　刘璟明
赵国太　李　磊　张久生　赵梓淞　吴小东
袁晓磊　赵群伟　武一夫　栾景春　朱爱玲
孙伟旭　吴科鑫　邹昊男　沈德恩

Preface 》前言

近年来，以特高压为代表的电网发展和技术进步给变电站标准化工作提出新课题，日趋严格的生产安全法治环境给变电站规范化管理带来新挑战。2017年，国家电网公司颁布了《国家电网公司变电验收管理规定（试行）》《国家电网公司变电运维管理规定（试行）》《国家电网公司变电检修管理规定（试行）》《国家电网公司变电检测管理规定（试行）》《国家电网公司变电评价管理规定（试行）》五项通用管理制度及其细则试行版（简称变电“五通”），全面规定了公司系统各层级生产单位的职责界面、业务范围和工作要点，为变电站生产精益化提供了遵循标准。

变电“五通”作为国家电网公司的顶层设计，落地实施需要有效的途径和体系保障。为推动变电“五通”与生产实际深度融合、更好落地实施，国网内蒙古东部电力有限公司设备管理部组织编制了《变电站标准化工作手册》丛书。丛书包括《标准化体系研究与构建》《变电运维》《变电检修》《电气试验》4个分册。

丛书回应当前电力系统变电站迫切的生产精益化需求，以变电“五通”为基础，以工作标准化和管理规范化作为生产精益化的实施途径，借鉴先进的管理理论，总结吸收变电站标准化建设经验，系统讲解变电站标准化体系的形势任务、理论基础、构建方法和具体实践，涵盖变电站运维、检修、试验各类生产业务的执行周期、业务流程、工作标准和工作记录。丛书结合变电站生产业务和岗位设置实际，聚焦业务流程清晰、工作标准明确、岗位职责清楚的目标导向，具有很强的先进性、实用性和可推广性，能有效提升变电站工作标准化和管理规范化水平。

丛书以深入浅出的语言讲解管理理论、构建标准化体系、提供实践指导，图文并茂、直观易学，既可作为变电站生产管理和专业技术人员的工作指导用书，也可作为员工职业培训和高等院校电气工程专业学生的实习书籍。

本分册为《变电运维》，共9章，分别为变电站运维基础管理标准化规范、新工程（设备）投运标准化规范、设备巡视标准化规范、运行操作标准化规范、现场作业管理标准化规范、专项预防运维管理标准化规范、设备缺陷及故障处理标准化规范、运维装备设施管理标准化规范、设备评价标准化规范，全面系统介绍了交接班管理、运维计划管理、生产准备、设备验收、运行规程、设备巡视、倒闸操作、设备维护、轮换试验、带电检测、消防管理、防小动物管理、设备缺陷、故障及异常处理、安全工器具、仪器仪表、备品备件、生产用车、辅助设施管理、精益化管理评价、设备年度状态评价、设备动态评价等共49项变电站运行维护业务的执行周期、业务流程、工作标准和工作记录。适用于35～1000kV变电站运维管理人员、运维班长、技术员、值班长、班员等岗位。

由于作者水平有限、时间仓促，书中难免存在不足之处，恳请各位专家和读者批评指正。

编者

2019年8月

Contents 》目录

1 变电站运维基础管理标准化规范

1.1 交接班标准化规范

1.1.1 业务概述

交接班工作是指班组在上下班前对所辖变电站的运行方式、故障情况等内容进行交接的工作。交接班方式分为：

（1）轮班制值班模式：交班负责人按交接班内容向接班人员交代情况，接班人员确认无误后，由交接班双方全体人员签名后，交接班工作方告结束。

（2）“2＋*N*”值班模式：交接班由班长（副班长、技术员）组织，每日早上上班时，夜间值班人员汇报夜间工作情况，班长（副班长、技术员）组织全班人员确认无误并签字后，交接班工作结束；每日晚下班时，班长（副班长、技术员）向夜间值班人员交代全天工作情况及夜间注意事项，夜间值班人员确认无误并签字后，交接班工作结束。节假日时可由班长指定负责人组织交接班工作。

1.1.2 业务流程

（1）轮班制值班模式交接班工作流程如图1-1所示。

（2）“2＋*N*”值班模式交接班工作流程如图1-2所示。

1.1.3 工作记录

变电运维交接班记录模板见表1-1。

表1-1　　变电运维交接班记录

运维班（站）：×××变电站	日期：××××年××月××日	星期×	天气：
当值接班终了时间：××月××日××时××分			
当值交班终了时间：××月××日××时××分			
交班人：			

续表

<table>
<tr><td colspan="3">接班人：</td></tr>
<tr><td colspan="3">常白人员：</td></tr>
<tr><td colspan="3">运行方式</td></tr>
<tr><td colspan="3">×××变电站：……，　×××变电站：……</td></tr>
<tr><td colspan="3">运行记事</td></tr>
<tr><td>序号</td><td>日　期</td><td>内　容</td></tr>
<tr><td>一</td><td colspan="2">巡视工作</td></tr>
<tr><td></td><td>××月××日</td><td></td></tr>
<tr><td></td><td></td><td></td></tr>
<tr><td>二</td><td colspan="2">设备缺陷情况</td></tr>
<tr><td></td><td></td><td></td></tr>
<tr><td>三</td><td colspan="2">工作票执行情况</td></tr>
<tr><td></td><td></td><td></td></tr>
<tr><td>四</td><td colspan="2">倒闸操作情况</td></tr>
<tr><td></td><td></td><td></td></tr>
<tr><td>五</td><td colspan="2">故障及异常情况</td></tr>
<tr><td></td><td></td><td></td></tr>
<tr><td>六</td><td colspan="2">接地线（接地开关）使用情况</td></tr>
<tr><td></td><td></td><td></td></tr>
<tr><td>七</td><td colspan="2">解锁钥匙使用情况</td></tr>
<tr><td></td><td></td><td></td></tr>
<tr><td>八</td><td colspan="2">下发文件、通知、要求、规定</td></tr>
<tr><td></td><td></td><td></td></tr>
<tr><td>九</td><td colspan="2">设备维护情况</td></tr>
<tr><td></td><td></td><td></td></tr>
<tr><td>十</td><td colspan="2">其他</td></tr>
<tr><td></td><td></td><td></td></tr>
</table>

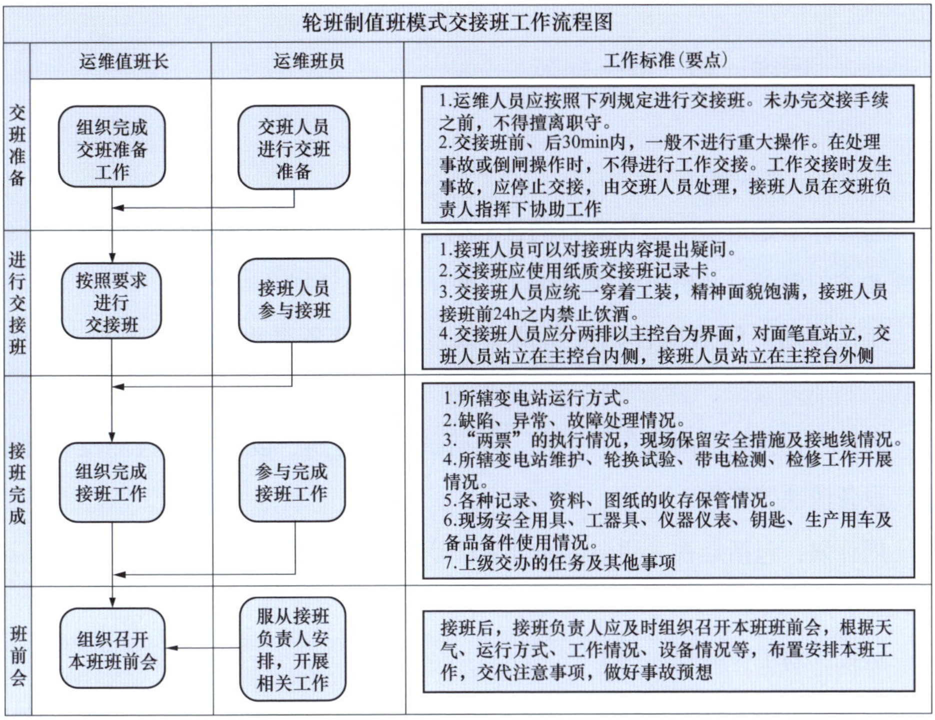

图 1-1 轮班制值班模式交接班工作流程图

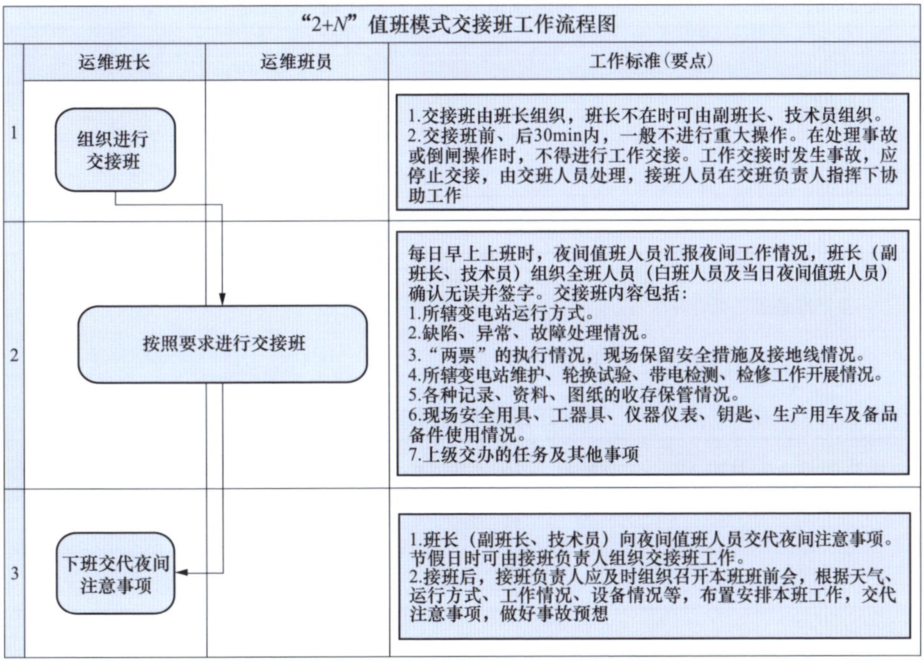

图 1-2 "2+N"值班模式交接班工作流程图

1.2 运维计划标准化规范

1.2.1 业务概述

运维计划是指运维工作实行的计划管理，运维班组应根据停电计划、设备巡视和维护要求以及班组承载力制订年度计划、月计划及周计划。

年度计划：包括巡视、定期试验及轮换、设备带电检测及日常维护等工作。

月计划：包括倒闸操作、巡视、定期试验及轮换、设备带电检测及日常维护、设备消缺等工作。

周计划：包括巡视、测温、安全活动等每周进行的常规工作。

1.2.2 业务流程

运维计划工作流程如图 1-3 所示。

1.2.3 工作记录

（1）年工作计划模板见表 1-2。

表 1-2　　××运维班××年工作计划

序号	日期	变电站	工作类别	工作内容	责任人	工作人员	备注

注　运维班工作类别包括倒闸操作、巡视、定期试验及轮换、设备带电检测、日常维护、设备消缺、生产准备等，可合并填写。

（2）月工作计划模板见表 1-3。

表 1-3　　××运维班××月工作计划

序号	日期	变电站	工作内容	责任人	工作人员	备注

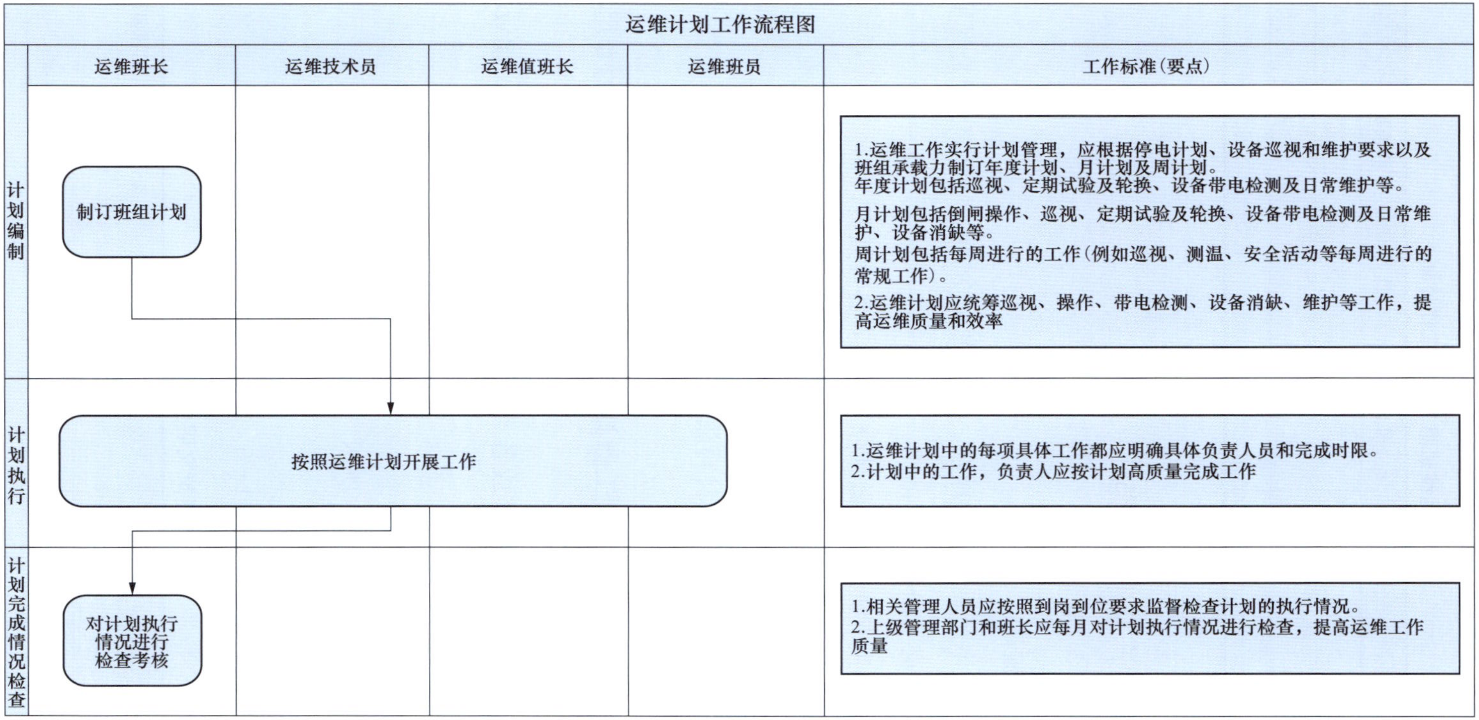

图 1－3 运维计划工作流程图

（3）周工作计划模板见表 1－4。

表 1－4　　××运维班第××周工作计划

序号	时间	变电站	工作内容	责任人	工作人员	备注

1.3　文明生产标准化规范

1.3.1　业务概述

文明生产是指生产要具备合理性、制度性和科学性，文明生产是保证工作质量和安全生产的必要条件。

变电站内有卫生专责分工，做到分工明确，各负其责。

变电站内环境整洁，场地平整，道路畅通，生活区保持整洁、有序。变电站照明、围墙、大门完好。

变电站内工作场所的设备、材料放置整齐有序。工作完成后，工作人员及时清理现场。

变电站内有存放安全工具、工器具、仪表、备品备件、钥匙的专用器具，存放整齐。

变电站内或运维班驻地有存放各类技术资料、图纸的专用柜，摆放整齐，标志醒目齐全。

1.3.2　业务流程

文明生产工作流程如图 1－4 所示。

1.3.3　工作记录

文明生产检查记录模板见表 1－5。

表 1－5　　××班文明生产检查记录

序号	检查项目	发现人员	发现时间	处理人员	处理时间	问题整改情况

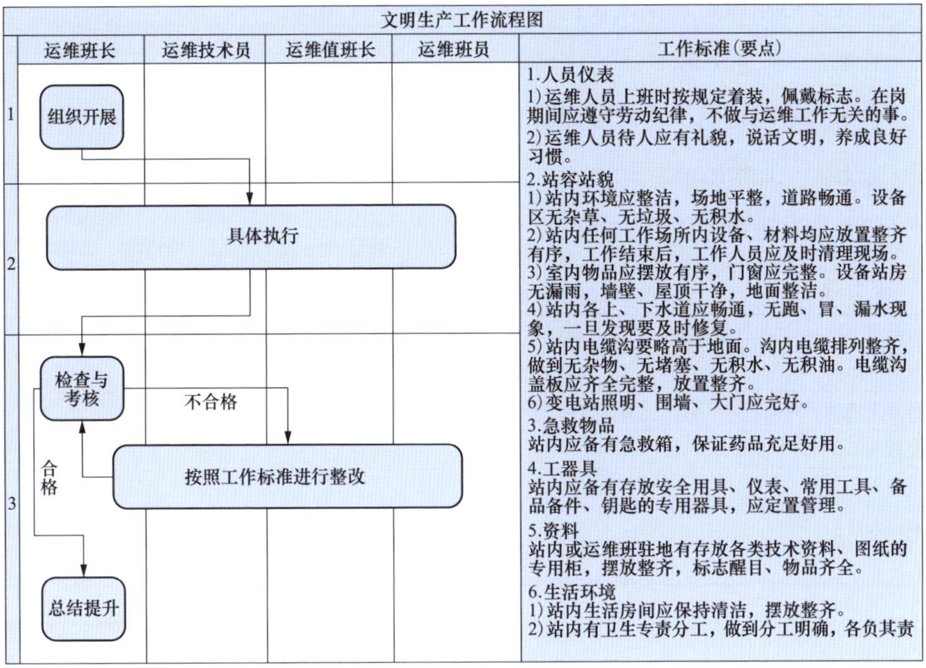

图 1-4　文明生产工作流程图

1.4　台账及运维记录标准化规范

1.4.1　业务概述

运维班及变电站现场应具备各类完整的运维记录、台账；纸质记录至少保存一年，重要记录应长期保存。

运维记录、台账原则上应通过 PMS[1] 系统进行记录，系统中无法记录的内容可通过纸质或其他记录形式予以补充。

运维记录、台账的填写应及时、准确和真实，便于查询。

技术员应对运维记录、台账每月进行审核，运维单位每季度应至少组织 1 次记录、台账检查并做好记录。

[1] 本书中的 PMS（production management system）是指生产管理系统。具备 PMS 的电力企业可将工作记录录入 PMS，工作记录模板可用于现场记录。不具备 PMS 的电力企业可参考书中的工作记录模板。

新建变电站设备台账应在投运前一周内录入 PMS。

1.4.2 业务流程

台账及运维记录工作流程如图 1-5 所示。

1.4.3 工作记录

(1) 变电运维工作日志模板见表 1-6。

表 1-6 变电运维工作日志

运维班（站）：×××变电站　日期：××××年××月××日　星期×　天气：		
当值接班终了时间：××月××日××时××分		
当值交班终了时间：××月××日××时××分		
交班人：		
接班人：		
常白人员：		
运行方式		
×××变电站：……，　×××变电站：……		
运行记事		
序号	日　期	内　容
一	巡视工作	
	××月××日	
二	设备缺陷情况	
	××月××日	
三	工作票执行情况	
	××月××日	
四	倒闸操作情况	
	××月××日	
五	故障及异常情况	
	××月××日	
六	接地线（接地开关）使用情况	
	××月××日	
七	解锁钥匙使用情况	
	××月××日	
八	下发文件、通知、要求、规定	
	××月××日	
九	设备维护情况	
	××月××日	
十	其他	
	××月××日	

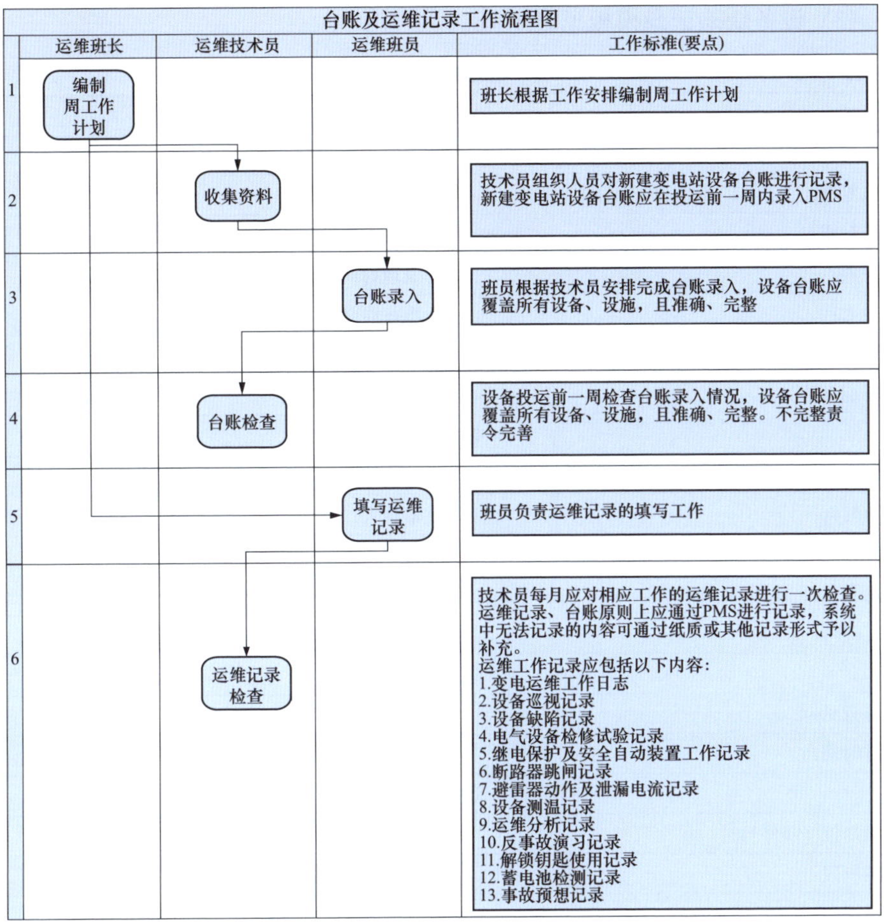

图1-5 台账及运维记录工作流程图

（2）设备巡视记录模板见表1-7。

表1-7 **设备巡视记录**

变电站		电压等级	
巡视日期		变电站类别	
巡视类型		天气	
气温（℃）		巡视班组	
巡视人		是否使用巡检仪巡视	
巡视开始时间		巡视结束时间	
巡视内容			
巡视结果			
备注			

(3) 设备缺陷记录模板见表1-8。

表1-8　设备缺陷记录

缺陷填报	
变电站：	缺陷设备：
电压等级：	设备双重名称：
缺陷性质：	发现方式：
发现人：	发现时间：
填报人：	填报时间：
缺陷描述：	典型特征：
汇报调度情况：	汇报监控情况：
缺陷审核	
审核意见：	缺陷性质：
审核时间：	审核人：
缺陷审定	
审定意见：	缺陷性质：
审定时间：	审定人：
缺陷安排	
安排意见：	安排人：
安排时间：	
消缺汇报	
缺陷部位（部件）：	处理方案：
缺陷原因：	处理结果：
责任原因：	技术原因：
工作负责人：	延期原因：
消缺人员：	消缺时间：
缺陷验收	
处理结果：	验收意见：
汇报调度情况：	汇报监控情况：
验收人：	验收时间：
备注：	

1.5　档案资料管理标准化规范

1.5.1　业务概述

档案资料管理包括变电站各类生产资料的收集、整理、保管、鉴定、统计和提供利用等工作。档案资料应分类存放归档并定期检查。

1.5.2　业务流程

档案资料管理工作流程如图1-6所示。

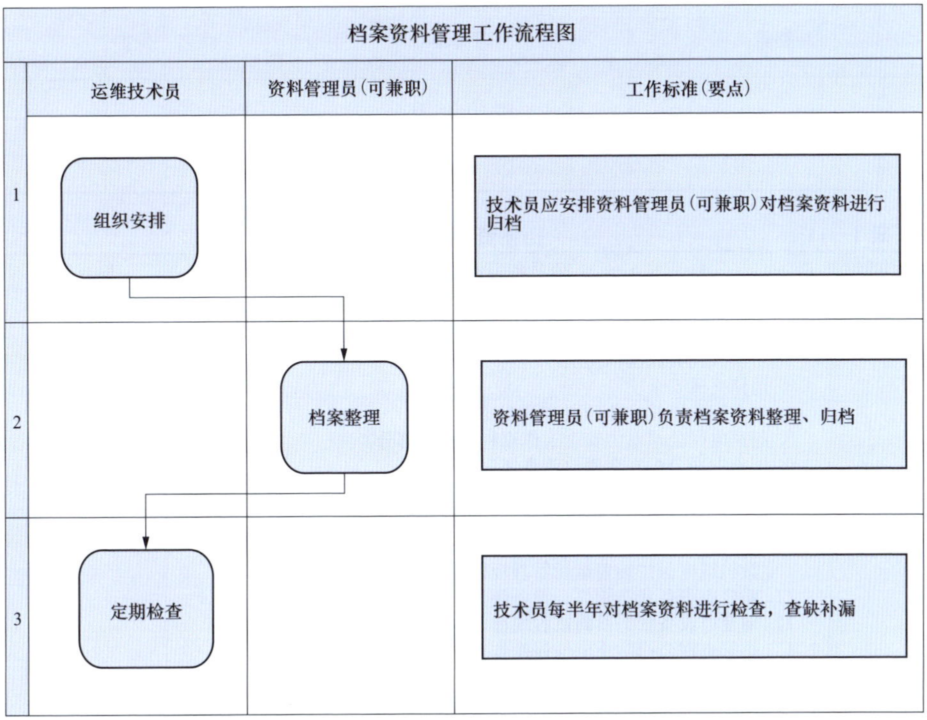

图1-6　档案资料管理工作流程图

1.5.3　工作记录

（1）变电站档案资料检查记录模板见表1-9。

表1-9　　**××变电站档案资料检查记录**

序号	日期	变电站名称	发现问题	问题说明	整改情况	班组检查人

（2）设备载流参数表模板见表1-10。

（3）档案资料检查卡模板见表1-11。

表 1-10　　　　　　　　××变电站设备载流参数表

日期：××××年××月××日

设备名称	开关编号	断路器、隔离开关额定电流（A）		电流互感器变比			额定电流（A）	变电站内导引线载流 25℃（A）		输电线路载流 25℃（A）		允许电流（A）	最小载流元件	最大允许电流（A）
		断路器	隔离开关	额定电流比	保护 TA	计/测量 TA	阻波器	规格型号	引线	规格型号	线路	保护		

表 1-11　　　　　　　　档案资料检查卡

归档类型	应具备资料类型	检查结果
运维班	（一）运维班应具备的法规、制度 1. 中华人民共和国电力法 2. 中华人民共和国消防法 3. 道路交通安全法 4. 电力安全事故应急处置和调查处理条例 5. 国家电网公司电力安全工作规程（变电部分） 6. 国家电网公司安全事故调查规程 7. 国家电网公司安全工作规定 8. 国家电网公司十八项电网重大反事故措施 9. 电力系统用蓄电池直流电源装置运行与维护技术规程 10. 微机继电保护装置运行管理规程 11. 输变电设备状态检修、设备评价管理规定 12. 输变电设备状态检修试验规程 13. 国家电网公司防止电气误操作安全管理相关规定 14. 带电设备红外诊断应用规范 15. 国家电网公司供电电压、电网谐波及技术线损管理规定 16. 国家电网公司输变电设备防雷工作管理规定 17. 电力设备典型消防规程 18. 各级调控规程（根据调控关系） 19. 变电站现场运行通用规程、所辖变电站现场运行专用规程	
	（二）运维班应具备的管理制度 1. 国家电网公司变电运维管理规定（试行）及细则 2. 国家电网公司变电评价管理规定（试行）及细则 3. 国家电网公司变电验收管理规定（试行）及细则 4. 国家电网公司变电检修管理规定（试行）及细则 5. 国家电网公司变电检测管理规定（试行）及细则 6. “两票”管理规定 7. 设备缺陷管理规定 8. 变电站安全保卫规定 9. 现场应急处置方案	
	（三）运维班应具备的图纸、图表 1. 所辖变电站一次主接线图 2. 所辖变电站站用电系统图 3. 所辖变电站直流系统图 4. 所辖变电站设备最小载流元件表 5. 保护配置一览表 6. 地区污秽等级分布图 7. 视频监控布置图	

续表

归档类型	应具备资料类型	检查结果
变电站	（一）变电站应具备的规程 1. 国家电网公司电力安全工作规程（变电部分） 2. 各级调控规程 3. 变电站现场运行通用规程 4. 变电站现场运行专用规程	
	（二）变电站应具备的技术图纸、图表 1. 一次主接线图 2. 站用电主接线图 3. 直流系统图 4. 正常和事故照明接线图 5. 继电保护、远动及安全自动装置原理和展开图 6. 巡视路线图 7. 全站平、断面图 8. 组合电器气隔图 9. 直埋电力电缆走向图 10. 接地装置布置以及直击雷保护范围图 11. 消防系统图（或布置图）：火灾报警系统图、变压器（高抗）消防系统 12. 地下隐蔽工程竣工图 13. 主设备保护配置图 14. 断路器、隔离开关操作控制回路图 15. 测量、信号、故障录波及监控系统回路、布置图 16. 设备最小载流元件表 17. 交直流熔断器及开关配置表 18. 有关人员名单（各级调控人员、工作票签发人、工作负责人、工作许可人、有权单独巡视设备的人员等）	

1.6 技术培训标准化规范

1.6.1 业务概述

为提升班组人员业务及技能水平，根据工作实际编制年度培训计划，组织实施并考核。

1.6.2 业务流程

技术培训工作流程如图 1－7 所示。

1.6.3 工作记录

（1）员工培训教案模板见表 1－12。

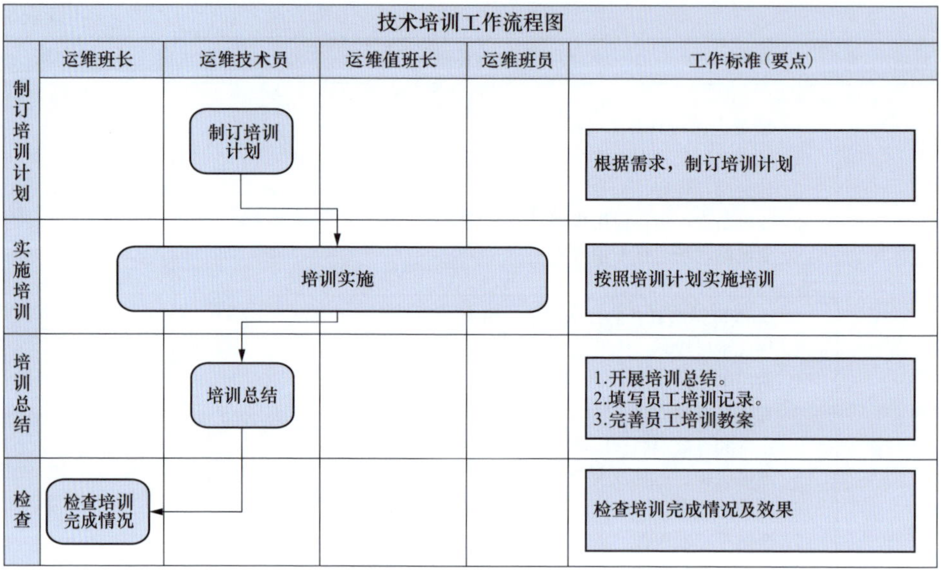

图 1-7　技术培训工作流程图

表 1-12　员工培训教案

单位名称			
培训计划		培训日期	
培训对象		施培人	
培训内容：			

（2）员工培训记录模板见表 1-13。

表 1-13　员工培训记录

单位名称					
培训题目		培训时间		课时	
施培人		培训地点			
培训性质	冬季培训□　员工学习培训日□　管理部室□　二级单位□　班组□　其他□				
参加人员明细：					

续表

缺席人员及原因：
讲课内容：

1.7　安全活动标准化规范

1.7.1　业务概述

安全活动主要学习安全文件、通报、安全规章制度、安全技术知识、劳动卫生知识。班组应结合事故案例，讨论典型事故，总结吸取事故教训。安全活动应每周开展1次。

1.7.2　业务流程

安全活动工作流程如图1－8所示。

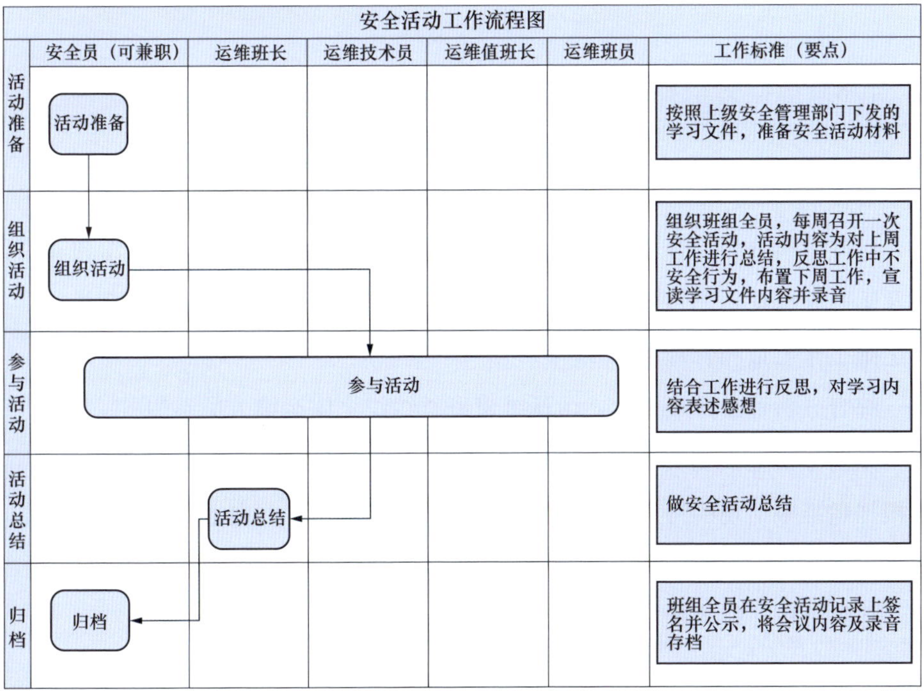

图1－8　安全活动工作流程图

1.7.3 工作记录

安全活动记录模板见表 1－14。

表 1－14 **安全活动记录**

活动主题	××单位：××班组××月××日安全活动				
活动时间			主持人		
活动班组			上级参加人员		
本班组参加人员					
缺席人员					
缺席原因					
活动内容					
记录类型		记录人员		记录时间	
参加人员签字					

1.8 运维分析标准化规范

1.8.1 业务概述

运维分析分为综合分析和专题分析，主要是针对设备运行、操作和异常情况及运维人员规章制度执行情况进行分析，找出薄弱环节，制订防范措施，提高运维工作质量和管理水平。

综合分析每月开展 1 次，由运维班班长组织全体运维人员参加。

专题分析应根据需要有针对性开展。专题分析由班长组织有关人员进行，应根据运维中出现的特定问题，制订对策，及时落实，并向上级汇报。

1.8.2 业务流程

运维分析工作流程如图 1－9 所示。

1.8.3 工作记录

运维分析记录模板见表 1－15。

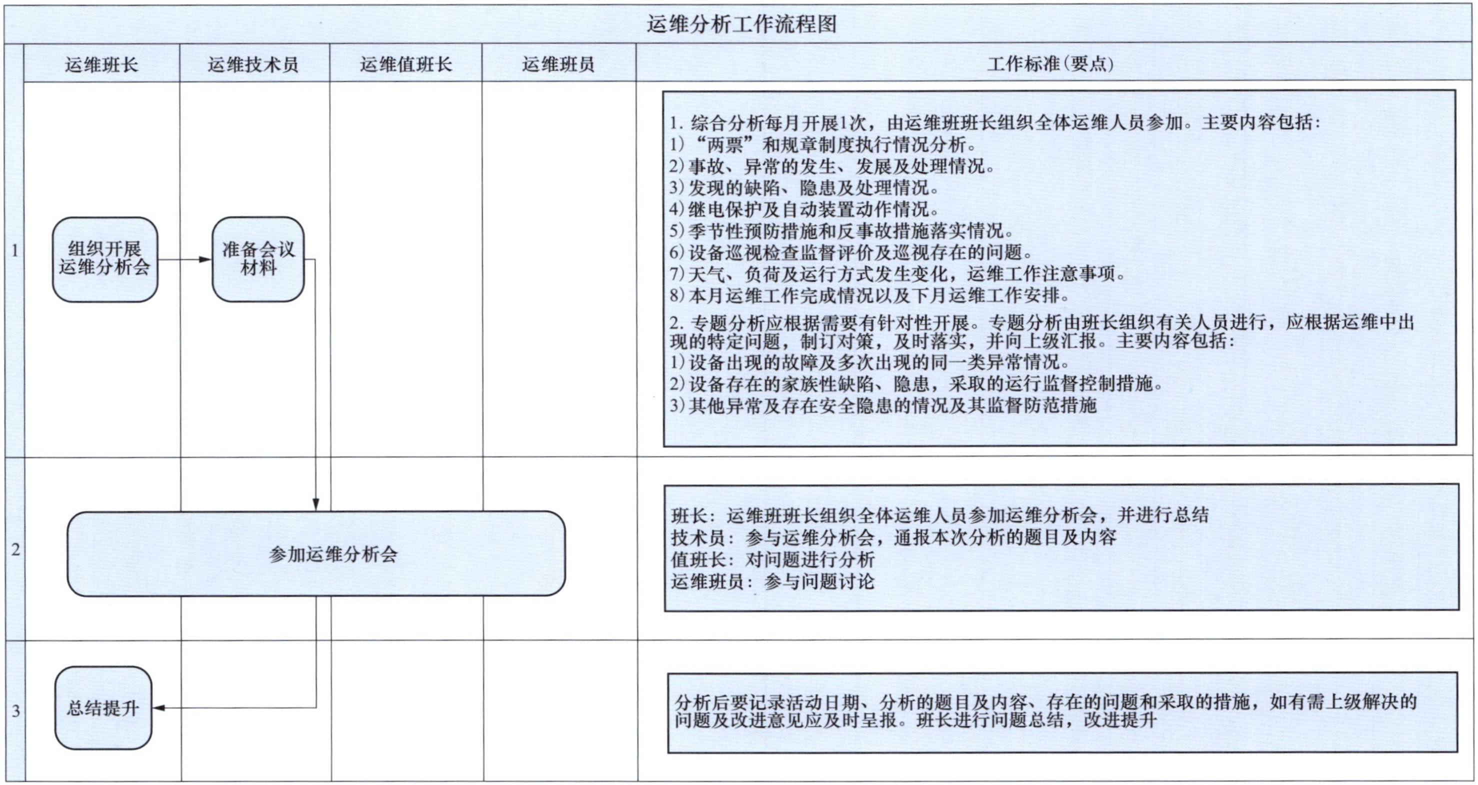

图 1-9　运维分析工作流程图

表 1－15　　运维分析记录

运维班（站）	×××运维班	班次	
记录日期	××××年××月××日	分析类别	
分析题目：			
提出人			
参加人			
缺席人员		缺席原因	
分析内容：			
措施及执行情况：			
记录人		检查人	
备注：			

2 新工程（设备）投运标准化规范

2.1 生产准备标准化规范

2.1.1 业务概述

生产准备是指新工程（设备）投运前的准备工作，主要包括明确人员配置、人员培训、规程编制、工器具及仪器仪表、办公与生活设施购置、工程前期参与、验收及设备台账信息录入等。生产准备工作一般由运维专业牵头负责。

2.1.2 业务流程

生产准备工作流程如图 2-1 所示。

2.1.3 工作记录

专用工器具及备品备件移交清单模板见表 2-1。

表 2-1 专用工器具及备品备件移交清单

序号	专用工器具及备品备件名称	数量	移交日期	移交人签字	接收人签字	备注

2.2 设备验收标准化规范

2.2.1 业务概述

变电站基建工程验收包括可研初设审查、厂内验收、到货验收、隐蔽工程验收、中间验收、竣工（预）验收、启动验收等七个主要关键环节。

变电站技改工程验收包括可研初设审查、厂内验收、到货验收、隐蔽工程验收、中间验收、竣工验收等六个主要关键环节。

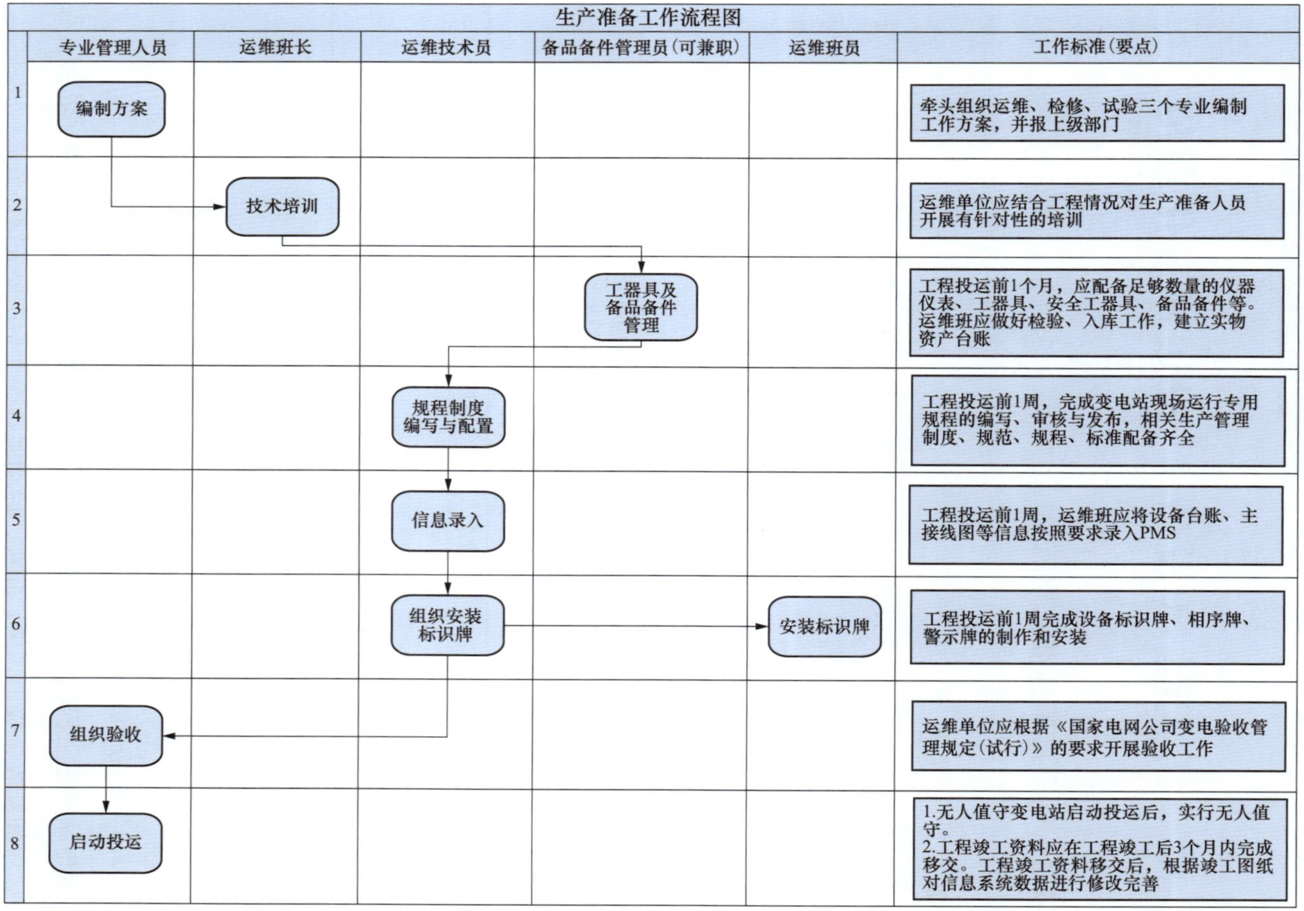

图 2-1　生产准备工作流程图

验收方法包括资料检查、旁站见证、现场检查和现场抽查。

资料检查指对所有资料进行检查，设备安装、试验数据应满足相关规程规范要求，安装调试前后数值应有比对，保持一致性，无明显变化。

旁站见证包括关键工艺、关键工序、关键部位和重点试验的见证。

现场检查包括现场设备外观和功能的检查。

现场抽查是指工程安装调试完毕后，抽取一定比例设备、试验项目进行检查，据以判断全部设备的安装调试项目是否按规范执行。现场抽检应明确抽查内容、抽检方法及抽检比例。抽查要求如下：

（1）工程安装调试完毕后，运检单位应对交接试验项目进行抽样检查。

（2）抽样检查应按照不同电压等级、不同设备类别分别进行，抽检项目应根据设备及试验项目的重要程度有所侧重。

（3）对于抽样检查不合格的项目，应责成施工单位对该类项目全部进行重新试验。

（4）对数据存在疑问、现场需要及反复出现问题的设备应进行复试。

设备验收由运维、检修、试验三个专业联合开展，按环节验收。

2.2.2 业务流程

（1）设备验收管理工作流程（基建工程）如图 2－2 所示。

（2）设备验收管理工作流程（技改工程）如图 2－3 所示。

2.2.3 工作记录

（1）关键点见证记录模板见表 2－2。

表 2－2　　关键点见证记录

<table>
<tr><td colspan="2">项目名称</td><td colspan="4"></td></tr>
<tr><td colspan="2">建设管理单位</td><td></td><td colspan="2">建设管理单位联系人</td><td></td></tr>
<tr><td colspan="2">物资部门</td><td></td><td colspan="2">物资部门联系人</td><td></td></tr>
<tr><td colspan="2">供应商名称</td><td></td><td colspan="2">供应商联系人</td><td></td></tr>
<tr><td colspan="2">设备/材料型号</td><td></td><td colspan="2">生产工号</td><td></td></tr>
<tr><td colspan="2">参加见证单位</td><td colspan="4"></td></tr>
<tr><td colspan="2">参加见证人员</td><td colspan="4"></td></tr>
<tr><td colspan="2">开始时间</td><td></td><td colspan="2">结束时间</td><td></td></tr>
<tr><td>序号</td><td>见证内容</td><td>问题描述（可附图或照片）</td><td>整改建议</td><td colspan="2">是否已整改（是/否）</td></tr>
<tr><td></td><td></td><td></td><td></td><td colspan="2"></td></tr>
<tr><td></td><td></td><td></td><td></td><td colspan="2"></td></tr>
<tr><td></td><td></td><td></td><td></td><td colspan="2"></td></tr>
</table>

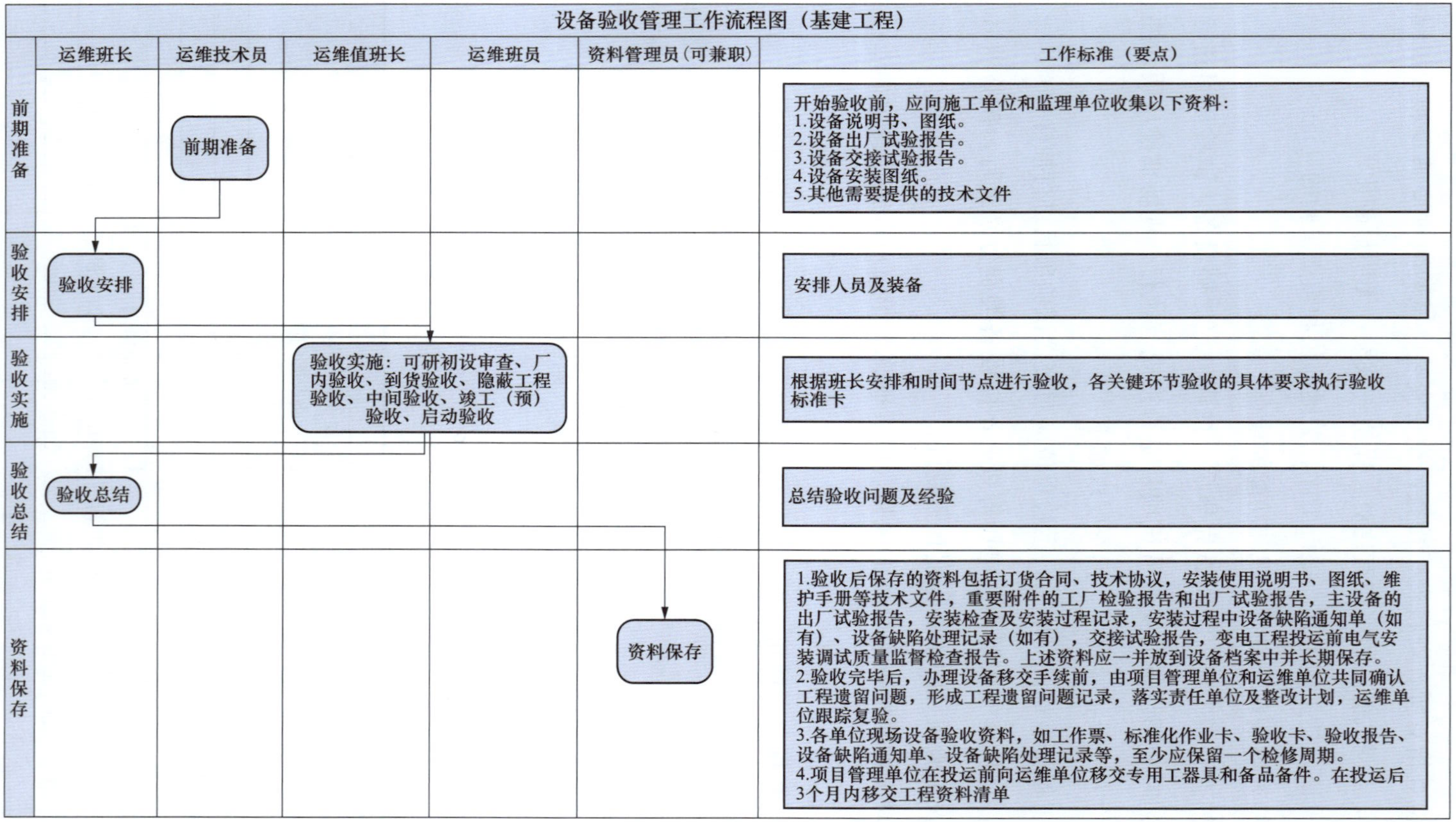

图 2-2　设备验收管理（基建工程）工作流程图

设备验收管理工作流程图（技改工程）						
	运维班长	运维技术员	运维值班长	运维班员	资料管理员（可兼职）	工作标准（要点）
前期准备		前期准备				开始验收前，应向施工单位和监理单位收集以下资料： 1.设备说明书、图纸。 2.设备出厂试验报告。 3.设备交接试验报告。 4.设备安装图纸。 5.其他需要提供的技术文件
验收安排	验收安排					安排人员及装备
验收实施			验收实施：可研初设审查、厂内验收、到货验收、隐蔽工程验收、中间验收、竣工（预）验收			根据班长安排和时间节点进行验收，各关键环节验收的具体要求执行验收标准卡
验收总结	验收总结					总结验收问题及经验
资料保存					资料保存	1.验收后应保存的资料包括订货合同、技术协议，安装使用说明书、图纸、维护手册等技术文件，重要附件的工厂检验报告和出厂试验报告，主设备的出厂试验报告，安装检查及安装过程记录，安装过程中设备缺陷通知单（如有）、设备缺陷处理记录（如有），交接试验报告，变电工程投运前电气安装调试质量监督检查报告。上述资料应一并放到设备档案中并长期保存。 2.验收完毕后，办理设备移交手续前，由项目管理单位和运维单位共同确认工程遗留问题，形成工程遗留问题记录，落实责任单位及整改计划，运维单位跟踪复验。 3.各单位现场设备验收资料，如工作票、标准化作业卡、验收卡、验收报告、设备缺陷通知单、设备缺陷处理记录等，至少应保留一个检修周期。 4.项目管理单位在投运前向运维单位移交专用工器具和备品备件。在投运后3个月内移交工程资料清单

图 2-3　设备验收管理（技改工程）工作流程图

（2）出厂验收记录模板见表 2－3。

表 2－3　　　　出厂验收记录

<table>
<tr><td>项目名称</td><td colspan="4"></td></tr>
<tr><td>建设管理单位</td><td colspan="2"></td><td>建设管理单位联系人</td><td></td></tr>
<tr><td>物资部门</td><td colspan="2"></td><td>物资部门联系人</td><td></td></tr>
<tr><td>供应商名称</td><td colspan="2"></td><td>供应商联系人</td><td></td></tr>
<tr><td>设备/材料型号</td><td colspan="2"></td><td>生产工号</td><td></td></tr>
<tr><td>参加见证单位</td><td colspan="4"></td></tr>
<tr><td>参加见证人员</td><td colspan="4"></td></tr>
<tr><td>开始时间</td><td colspan="2"></td><td>结束时间</td><td></td></tr>
<tr><td>序号</td><td>验收内容</td><td>问题描述（可附图或照片）</td><td>整改建议</td><td>是否已整改（是/否）</td></tr>
<tr><td></td><td></td><td></td><td></td><td></td></tr>
<tr><td></td><td></td><td></td><td></td><td></td></tr>
</table>

（3）到货验收记录模板见表 2－4。

表 2－4　　　　到货验收记录

<table>
<tr><td>项目名称</td><td colspan="4"></td></tr>
<tr><td>建设管理单位</td><td colspan="2"></td><td>建设管理单位联系人</td><td></td></tr>
<tr><td>设备型号</td><td colspan="2"></td><td>出厂编号</td><td></td></tr>
<tr><td>供应商名称</td><td colspan="2"></td><td>供应商联系人</td><td></td></tr>
<tr><td>参加到货验收单位</td><td colspan="4"></td></tr>
<tr><td>参加验收人员</td><td colspan="4"></td></tr>
<tr><td>验收日期</td><td colspan="4"></td></tr>
<tr><td>序号</td><td>验收内容</td><td>问题描述（可附图或照片）</td><td>整改建议</td><td>是否已整改（是/否）</td></tr>
<tr><td></td><td></td><td></td><td></td><td></td></tr>
<tr><td></td><td></td><td></td><td></td><td></td></tr>
</table>

（4）隐蔽工程验收记录模板见表 2－5。

表 2－5　　　　隐蔽工程验收记录

<table>
<tr><td>项目名称</td><td colspan="4"></td></tr>
<tr><td>建设管理单位</td><td colspan="2"></td><td>建设管理单位联系人</td><td></td></tr>
<tr><td>验收项目</td><td colspan="4"></td></tr>
<tr><td>施工单位名称</td><td colspan="2"></td><td>施工单位联系人</td><td></td></tr>
<tr><td>参加验收单位</td><td colspan="4"></td></tr>
<tr><td>参加验收人员</td><td colspan="4"></td></tr>
<tr><td>开始时间</td><td colspan="2"></td><td>结束时间</td><td></td></tr>
<tr><td>序号</td><td>验收内容</td><td>问题描述（可附图或照片）</td><td>整改建议</td><td>是否已整改（是/否）</td></tr>
<tr><td></td><td></td><td></td><td></td><td></td></tr>
<tr><td></td><td></td><td></td><td></td><td></td></tr>
<tr><td></td><td></td><td></td><td></td><td></td></tr>
</table>

（5）中间验收记录模板见表 2－6。

表 2-6　　中间验收记录

项目名称				
建设管理单位		建设管理单位联系人		
验收项目				
施工单位名称		施工单位联系人		
参加验收单位				
参加验收人员				
开始时间		结束时间		
序号	验收内容	问题描述（可附图或照片）	整改建议	是否已整改（是/否）

（6）竣工（预）验收及整改记录模板见表 2-7。

表 2-7　　竣工（预）验收及整改记录

序号	设备类型	安装位置/运行编号	问题描述（可附图或照片）	整改建议	发现人	发现时间	整改情况	复验结论	复验人	备注（属于重大问题的，注明联系单编号）

（7）工程遗留问题记录模板见表 2-8。

表 2-8　　工程遗留问题记录

工程项目名称			
建设管理单位（部门）	（盖章）	运维管理单位	（盖章）
建设管理单位（部门）联系人		运维管理单位联系人	
投运日期			
遗留问题记录清单			
序号	问题描述（可附图或照片）	整改责任单位	限期完成日期

备注：一式二份，建设管理单位（部门）、运维单位（部门）各留存一份。

（8）工程遗留问题跟踪复验记录模板见表 2－9。

表 2－9　　工程遗留问题跟踪复验记录

工程项目名称						
遗留问题跟踪复验清单						
序号	问题描述（可附图或照片）	整改责任单位	限期完成日期	整改情况（可附图或照片）	复验结论	复验人

（9）重大问题反馈联系单模板见表 2－10。

表 2－10　　重大问题反馈联系单

编号：______　单位：______　变电站：______

发出单位/部门		联系人	
验收单位		验收人	
接受单位/部门		联系人	
项目名称		设备类别	
安装位置/运行编号（生产工号）		厂家及型号	
问题名称			
问题描述： （可附图、附件）			
整改建议：			
（盖章） 日期：　年　月　日			

备注：一式三份，发出方、接受方、运维单位各一份。

2.2.4　设备验收标准卡

按照《国家电网公司变电验收管理规定（试行）》［国网（运检/3）827—2017］及细则执行，以断路器设备为例，相关验收标准卡模板见表 2－11～表 2－18。

表 2－11　　断路器设备可研初设审查验收标准卡

断路器基础信息	工程名称		设计单位		
	验收单位		验收日期		

序号	验收项目	验收标准	检查方式	验收结论（是否合格）	验收问题说明
一、参数选型				验收人签字：	
1	结构型式	合理选用罐式、柱式断路器，以满足工程需要	资料检查	□是　□否	
2	额定电流、电压	断路器额定电流选择应满足规划要求，额定电压满足工程需求		□是　□否	
3	额定短路开断电流	额定短路开断电流选择应能满足安装地点最大短路电流要求，并考虑电网发展规划，留有足够裕度		□是　□否	
4	额定短路持续时间	额定短路持续时间选择满足设备运行电压等级要求		□是　□否	
5	容性电流开断	用于电容器投切的断路器必须选用 C2 级断路器		□是　□否	
6	外绝缘配置	断路器极柱、瓷套管外绝缘配置应满足污秽等级和海拔高度修正后要求。户内设备外绝缘与户外设备外绝缘的防污闪配置级差不宜大于一级；中性点不接地系统的绝缘子外绝缘配置至少应比中性点接地系统配置高一级，直至达到 e 级污秽等级的配置要求		□是　□否	
7	操动机构	应优先选用弹簧机构、液压机构（包括弹簧储能液压机构）		□是　□否	
8	储能电机电源选择	储能电机电源类型的选择（交流、直流）		□是　□否	
二、附属设备选型				验收人签字：	
9	电流互感器	断路器电流互感器变比选择应能满足规划要求，绕组配置个数、精度满足二次设备需求，二次绕组输出容量应能满足二次回路负载要求	资料检查	□是　□否	
10	合闸电阻	对是否选用合闸电阻进行系统过电压校核计算，并合理确定合闸电阻值	资料检查	□是　□否	
11	密度继电器、加热带、SF_6气体	对于严寒地区的断路器设备，其密度继电器、加热带、SF_6气体选用应满足设备安装地域环境要求	资料检查	□是　□否	

表 2－12 断路器设备关键点见证验收标准卡

断路器基础信息	工程名称		制造厂家		
	设备型号		生产工号		
	验收单位		验收日期		

序号	验收项目	验收标准	检查方式	验收结论（是否合格）	验收问题说明
一、组件验收				验收人签字：	
1	灭弧室	1. 各组件与技术规范书或技术协议中厂家、型号、规格一致。 2. 各组件具备出厂质量证书、合格证、试验报告。 3. 各组件进厂验收、检验、见证记录齐全	资料检查	□是　□否	
2	瓷套管、复合套管		资料检查	□是　□否	
3	绝缘拉杆		资料检查	□是　□否	
4	盆式绝缘子（罐式）		资料检查	□是　□否	
5	传动件（连板、杆）		资料检查	□是　□否	
6	罐体		资料检查	□是　□否	
7	均压电容器		资料检查	□是　□否	
8	合闸电阻		资料检查	□是　□否	
9	密度继电器		资料检查	□是　□否	
10	电流互感器		资料检查	□是　□否	
11	操动机构		资料检查	□是　□否	

续表

序号	验收项目	验收标准	检查方式	验收结论（是否合格）	验收问题说明
二、装配验收				验收人签字：	
12	灭弧室装配	1. 绝缘拉杆表面清洁，无变形、无磕碰、划伤，绝缘拉杆装配前应完成局部放电测试，局部放电量不大于 3pC，断路器绝缘拉杆不应采用螺旋式连接结构。 2. 灭弧室零部件清洗干净，表面光滑无磕碰划伤。 3. 各零部件连接部位螺栓压接牢固，满足力矩要求。 4. 静、动触头清洁无金属毛刺，圆角过渡圆滑，镀银面无氧化、起泡等缺陷。 5. 各装配单元电阻测量值应在产品技术要求规定范围内。 6. 触头开距等机械行程尺寸应满足产品设计要求。 7. 真空灭弧室应使用陶瓷外壳。 8. 真空断路器上应设有易于观察真空开关触头磨损程度的标记。 9. SF_6 灭弧室吸附剂应固定牢固	现场检查/资料检查	□是　□否	
13	触头磨合	1. 断路器出厂试验时应进行不少于 200 次的机械操作试验，以保证主、辅触头充分磨合。 2. 200 次操作试验后断路器应进行内部彻底清洁，确认无异常再进行其他试验。 3. 连续 200 次操作前后应分别测量开关装置的回路电阻，应无明显偏差	现场检查/资料检查	□是　□否	
14	合闸电阻（如配置）	电阻片无裂痕、破损，电阻值符合制造厂规定，辅助触头应进行不少于 200 次的机械操作试验，以保证充分磨合	现场检查/资料检查	□是　□否	
15	均压电容器（如配置）	1. 电容器完好、干净，无裂纹破损。 2. 断路器断口均压电容器组装前应按规程完成电容值、高压介质损耗测量及耐压试验	现场检查/资料检查	□是　□否	

续表

序号	验收项目	验收标准	检查方式	验收结论（是否合格）	验收问题说明
16	电流互感器	内置式电流互感器，罐体内部支撑筒密封槽及内壁清洗干净，无尖角、毛刺、棱台、磕碰划伤	现场检查/资料检查	□是 □否	
		外置式电流互感器支持筒外壁清洗干净，无尖角、毛刺、棱台、磕碰划伤			
		线圈外观无磕碰、无漏线，引线无破损，线号标记准确无误，二次引线端子压接牢靠			
17	电缆	机构箱内二次电缆应采用阻燃电缆，截面积应符合产品设计要求。互感器回路截面积不小于 $4mm^2$；控制回路截面积不小于 $2.5mm^2$	现场检查/资料检查	□是 □否	
18	总体装配	断路器内部的盆式绝缘子、支撑绝缘子在装配前应逐个进行局部放电试验，其在试验电压下单个绝缘子局部放电量不大于 3pC	现场检查/资料检查	□是 □否	
		极柱及瓷套无明显倾斜，中心距离误差不大于 5mm	现场检查/资料检查		
		各传动轴销及有相对运动的构件，应涂适量润滑剂	现场检查/资料检查		
		SF_6气体管路布置合理，连接紧固，密封垫（圈）安装到位	现场检查/资料检查		
		各部位安装牢靠，连接部位螺栓压接牢固，满足力矩要求，平垫、弹簧垫齐全，螺栓外露长度符合要求	现场检查/资料检查		
		SF_6 密度继电器与断路器本体之间的连接方式应满足不拆卸校验密度继电器的要求；密度继电器应装设在与断路器本体同一运行环境温度的位置；断路器 SF_6气体补气口位置尽量满足带电补气要求	现场检查/资料检查		
		断路器二次回路不应采用 RC 加速设计	现场检查/资料检查		

表 2 - 13 断路器设备出厂验收标准卡

断路器基础信息	工程名称		制造厂家		
	设备型号		出厂编号		
	验收单位		验收日期		
序号	验收项目	验收标准	检查方式	验收结论（是否合格）	验收问题说明
断路器外观验收				验收人签字：	
1	预装	所有组部件装配完整	现场检查	□是 □否	
2	本体	1. 断路器外观清洁无污损，油漆完整，无色差。 2. 瓷套表面清洁，无裂纹、无损伤，均压环无变形。 3. 一次端子接线板无开裂、无变形，表面镀层无破损。 4. 金属法兰与瓷件胶装部位粘合牢固，防水胶完好。 5. 防爆膜检查应无异常，泄压通道通畅。 6. 接地块（件）安装美观、整齐。 7. 电流互感器接线牢固	现场检查/资料检查	□是 □否	
3	铭牌	设备出厂铭牌齐全，参数正确、美观	现场检查/资料检查	□是 □否	
4	位置指示器	位置指示器的颜色和标示应符合相关标准要求，分、合闸指示牌应有两个及以上定位螺栓固定以保证不发生位移	现场检查/资料检查	□是 □否	
5	机构箱	1. 外观完整、无损伤、接地良好，箱门与箱体之间的接地连接软铜线（多股）截面不小于 $4mm^2$。 2. 各空气开关、熔断器、接触器等元器件标示齐全正确。 3. 机构箱开合顺畅，密封胶条安装到位，应有效防止尘、雨、雪、小虫和动物的侵入，防护等级不低于 IP44，顶部应设防雨檐，顶盖采用双层隔热布置。 4. 机构箱清洁无杂物。 5. 机构箱中金属元件无锈蚀。 6. 机构箱内交、直流电源应有绝缘隔离措施。 7. 机构箱内二次回路的接地应符合规范，并设置专用的接地排。 8. 机构箱内若配有通风设备，则应功能正常，若有通气孔，应确保形成对流	现场检查/资料检查	□是 □否	

续表

序号	验收项目	验收标准	检查方式	验收结论（是否合格）	验收问题说明
6	螺栓紧固	全部外露紧固螺栓均应采用热镀锌螺栓，紧固后螺纹一般应露出螺帽2～3圈，各螺栓、螺纹连接件应按要求涂胶并紧固划标志线	现场检查/资料检查	□是　□否	
7	密封	各密封面密封胶涂抹均匀、密封良好，满足户内（外）使用要求	现场检查/资料检查	□是　□否	
8	密封试验（SF_6）	泄漏值的测量应在断路器充气24h后进行。采用灵敏度不低于1×10^{-6}（体积比）的检漏仪对断路器各密封部位、管道接头等处进行检测时，检漏仪不应报警；必要时可采用局部包扎法进行气体泄漏测量。以24h的漏气量换算，每一个气室年漏气率不应大于0.5%（750kV断路器设备相对年漏气率不应大于0.5μL/L，依据Q/GDW 1157《750kV电力设备交接试验规程》）	旁站见证/资料检查	□是　□否	
9	SF_6气体水分含量	35～500kV设备：SF_6气体含水量的测定应在断路器充气24h后进行（750kV设备在充气至额定压力120h后进行），且测量时环境相对湿度不大于80%。 SF_6气体含水量（20℃的体积分数）应符合：与灭弧室相通的气室，应小于150μL/L，其他气室小于250μL/L	旁站见证/资料检查	□是　□否	
10	交流耐压试验	在断路器SF_6气体额定压力下进行，试验电压按国家标准GB/T 11022—2011《高压开关设备和控制设备标准的共用技术要求》执行或按订货合同执行	旁站见证/资料检查	□是　□否	
		罐式断路器可在耐压过程中进行局部放电检测工作。1.2倍额定相电压下局部放电量应满足设备厂家技术要求，但不大于5pC（DL/T 617—2010《气体绝缘金属开关设备技术条件》）		□是　□否	
		雷电冲击耐受试验：220kV及以上罐式断路器应进行正负极性各3次的雷电冲击耐受试验		□是　□否	
		真空灭弧室断口间耐压试验电压按产品技术条件的规定执行，试验中不应发生贯穿性击穿。真空灭弧室真空度满足产品技术要求		□是　□否	

续表

序号	验收项目	验收标准	检查方式	验收结论（是否合格）	验收问题说明
11	均压电容器（如配置）	各断口均压电容器其绝缘电阻值、电容值、介质损耗符合产品技术规范	旁站见证/资料检查	□是 □否	
12	电流互感器	1. 电流互感器二次引出线应接线正确、紧固。 2. 二次绕组绝缘电阻、直流电阻、组别和极性、误差测量、励磁曲线测量等应符合产品技术条件	旁站见证/资料检查	绝缘电阻： ____MΩ □是 □否	
13	分、合闸线圈直流电阻试验	试验结果应符合设备技术文件要求	旁站见证/资料检查	线圈电阻 合闸线圈： ____Ω 分闸线圈 1： ____Ω 分闸线圈 2： ____Ω □是 □否	
14	分、合闸线圈绝缘性能	使用 1000V 绝缘电阻表进行测试，应符合产品技术条件且不低于 10MΩ	旁站见证/资料检查	绝缘电阻： ____MΩ □是 □否	
15	合闸电阻测量（如配置）	各断口合闸电阻值符合产品设计要求	旁站见证/资料检查	合闸电阻： ____Ω □是 □否	
16	主回路电阻测量	宜采用电流不小于 100A 的直流压降法进行测量，测试结果应符合产品技术条件规定值	旁站见证/资料检查	回路电阻： ____μΩ □是 □否	
17	辅助和控制回路试验	1. 工频耐压试验：试验电压为 2000V 持续时间 1min，应合格。 2. 绝缘电阻测试：用 1000V 绝缘电阻表进行绝缘试验，绝缘电阻应符合产品技术规定	旁站见证/资料检查	绝缘电阻： ____MΩ □是 □否	

续表

序号	验收项目	验收标准	检查方式	验收结论（是否合格）	验收问题说明
18	断路器机械特性测试	机械特性： 1. 机构速度特性、分合闸时间、分合闸同期性均应符合产品技术条件要求。 2. 出厂试验时应记录设备的机械特性行程曲线，并与参考的机械特性行程曲线进行对比，应一致（GB 1984—2014《交流高压断路器》10. 2. 102. 2. 6）。 3. 真空断路器合闸弹跳 40. 5kV 以下不应大于 2ms，40. 5kV 及以上不应大于 3ms；分闸反弹幅度不应超过额定开距的 20%。 4. 对断路器主断口及合闸电阻断口的配合关系进行测试。合闸电阻的提前接入时间可参照制造厂规定执行，一般为 8～11ms	旁站见证/资料检查	□是　□否	
		操作电压校核： 1. 合闸装置在额定电源电压的 85%～110%范围内，应可靠动作。 2. 分闸装置在额定电源电压的 65%～110%（直流）或 85%～110%（交流）范围内，应可靠动作。 3. 当电源电压低于额定电压的 30%时，分闸装置不应脱扣	旁站见证/资料检查	□是　□否	
19	操动机构通用验收要求	1. 操动机构的零部件应齐全，各转动部位应涂以适合当地气候条件的润滑脂。 2. 电动机固定应牢固，转向应正确。 3. 各种接触器、继电器、微动开关、压力开关、压力表、加热驱潮装置和辅助开关的动作应准确、可靠，接点应接触良好、无烧损或锈蚀。 4. 分、合闸线圈的铁心应动作灵活、无卡阻。 5. 压力表应经出厂检验合格，并有检验报告，压力表的电接点动作正确可靠。 6. 操动机构的缓冲器应经过调整，采用油缓冲器时，油位应正常，所采用的液压油应适应当地气候条件，且无渗漏	现场检查/资料检查	□是　□否	

续表

序号	验收项目	验收标准	检查方式	验收结论（是否合格）	验收问题说明
20	弹簧机构验收	储能机构检查： 1. 弹簧储能指示正确，弹簧机构储能接点能根据储能情况及断路器动作情况，可靠接通、断开。 2. 储能电机应配有储能超时、过流、热偶等保护元件，整定值应符合产品技术要求。 3. 储能电机应运行无异常、无异声；断开储能电机电源，手动储能可正常执行，手动储能与电动储能之间闭锁可靠。 4. 合闸弹簧储能时间应满足制造厂要求，合闸操作后应在 20s 内完成储能，在 85%～110%的额定电压下应能正常储能	现场检查/资料检查	□是 □否	
		弹簧机构检查： 1. 弹簧机构应能可靠防止发生空合操作。 2. 合闸弹簧储能时，牵引杆的位置应符合产品技术文件。 3. 合闸弹簧储能完毕后，行程开关应能立即将电动机电源切除，合闸完毕，行程开关应将电动机电源接通，储能电机电源的接通与断开应通过行程开关切换直接控制，不应通过扩展中间继电器触点来实现。 4. 合闸弹簧储能后，牵引杆的下端或凸轮应与合闸锁扣可靠连锁。 5. 分、合闸闭锁装置动作应灵活，复位应准确而迅速，并应开合可靠	现场检查/资料检查	□是 □否	
		弹簧机构其他验收项目： 1. 传动链条无锈蚀，机构各转动部分应涂以适合当地气候条件的润滑脂。 2. 缓冲器缓冲行程符合制造厂规定。 3. 弹簧机构内轴销、卡簧等应齐全，螺栓应紧固，并画划线标记	现场检查/资料检查	□是 □否	

续表

序号	验收项目	验收标准	检查方式	验收结论（是否合格）	验收问题说明
21	液压机构	液压机构验收： 1. 液压油标号选择正确，适合设备运行地域环境要求，油位满足设备厂家要求，并应设置明显的油位观察窗，方便在运行状态检查油位情况。 2. 液压机构连接管路应清洁、无渗漏，压力表计指示正常且其安装位置应便于观察。 3. 油泵运转正常，无异常，欠压时能可靠启动，压力建立时间符合要求；若配有过流、热偶等保护元件，整定值应符合产品技术要求。 4. 液压系统油压不足时，机械、电气防止慢分装置应可靠工作。 5. 具备慢分、慢合操作条件的机构，在进行慢分、慢合操作时，工作缸活塞杆的运动应无卡阻现象，其行程应符合产品技术文件。 6. 液压机构电动机或油泵应能满足 60s 内从重合闸闭锁油压打压到额定油压和 5min 内从零压充到额定压力的要求；机构打压超时应报警，整定时间应符合产品技术要求。 7. 微动开关、接触器的动作应准确可靠、接触良好；电接点压力表、安全阀、压力释放器应经检验合格，动作可靠，关闭应严密。 8. 联动闭锁压力值应按产品技术文件要求予以整定，液压回路压力不足时能按设定值可靠报警或闭锁断路器操作，并上传信号。 9. 液压机构 24h 内保压试验无异常，24h 压力泄漏量满足产品技术文件要求	现场检查/资料检查	□是　□否	
		液压机构储能装置验收： 1. 预充氮气压力应符合制造厂规定。 2. 储压筒应有足够的容量，在降压至闭锁压力前应能进行“分—0.3s—合分”或“合分— 3min —合分”的操作。对于设有漏氮报警装置的储压器，需检查漏氮报警装置功能可靠	现场检查/资料检查	□是　□否	

续表

序号	验收项目	验收标准	检查方式	验收结论（是否合格）	验收问题说明
22	断路器操作及位置指示	断路器及其操动机构操作正常、无卡涩，分、合闸标志及动作指示正确	现场检查/资料检查	□是 □否	
23	就地、远方功能切换	断路器远方、就地操作功能切换正常	现场检查/资料检查	□是 □否	
24	防跳回路传动	就地操作时，防跳回路应可靠工作	现场检查/资料检查	□是 □否	
25	非全相装置	三相非联动断路器缺相运行时，非全相装置能可靠动作，时间继电器经校验可靠动作；带有试验按钮的非全相保护继电器应有警示标志	现场检查/资料检查	□是 □否	
26	辅助开关	1. 应对断路器合—分时间及操动机构辅助开关的转换时间与断路器主触头动作时间之间的配合进行试验检查；对 220kV 及以上断路器，合分时间应符合产品技术条件，且满足电力系统安全稳定要求。 2. 辅助开关应安装牢固，应能防止因多次操作松动变位。 3. 辅助开关应转换灵活、切换可靠、性能稳定。 4. 辅助开关与机构间的连接应松紧适当、转换灵活，并应能满足通电时间的要求；连接锁紧螺帽应拧紧，并应采取防松措施	现场检查/资料检查	□是 □否	
27	加热驱潮、照明装置	1. 机构箱、汇控柜内所有的加热元件应是非暴露型的；加热器、驱潮装置及控制元件的绝缘应良好，加热器与各元件、电缆及电线的距离应大于 50mm，温湿度控制器等二次元件应采用阻燃材料，取得 3C 认证项目检测报告。 2. 加热驱潮装置能按照设定温湿度自动投入。 3. 照明装置应工作正常	现场检查/资料检查	□是 □否	
28	各类表计及指示器安装位置	断路器设备各类表计（密度继电器、压力表等）及指示器（位置指示器、储能指示器等）安装位置应方便巡视人员或智能机器人巡视观察	现场检查/资料检查	□是 □否	
29	动作计数器	断路器应装设不可复归的动作计数器，其位置应便于读数，分相操作的断路器应分相装设	现场检查/资料检查	□是 □否	

表 2-14　　断路器设备到货验收标准卡

断路器基础信息	工程名称		制造厂家		
	设备型号		出厂编号		
	验收单位		验收日期		
序号	验收项目	验收标准	检查方式	验收结论（是否合格）	验收问题说明
一、本体到货验收				验收人签字：	
1	外观检查	1. 断路器及构架、机构箱等连接部位螺栓压接牢固，平垫、弹簧垫齐全、螺栓外露长度符合要求。 2. 一次接线端子无开裂、无变形，表面镀层无破损。 3. 金属法兰与瓷件胶装部位粘合牢固，防水胶完好。 4. 设备防水、防潮措施完好，设备无受潮现象。 5. 断路器外观清洁无污损，油漆完整。 6. 其他根据运输协议应检查的项目，如预充气体压力值检查	现场检查	□是　□否	
2	铭牌	设备出厂铭牌齐全、参数正确	现场检查	□是　□否	
3	套管	瓷套表面无裂纹，清洁，无损伤，均压环无变形	现场检查	□是　□否	
4	机构箱	机构箱无磕碰划伤	现场检查	□是　□否	
二、组部件到货验收				验收人签字：	
5	地脚螺栓	规格、数量应符合技术协议和安装图纸要求	现场检查	□是　□否	
6	气体	应提供足够断路器安装一次预充的气体量	现场检查	□是　□否	
7	组部件、备件	1. 组部件、备件应齐全，规格应符合设计要求，包装及密封应完好。 2. 备品备件、专用工具和仪表应随断路器同时装运，但必须单独包装，并明显标记，以便与提供的其他设备相区别。 3. 备品备件验收可参照本验收卡中断路器相关组件验收要求执行。 4. 依照装箱清单清点发货物品，避免遗漏	现场检查	□是　□否	

续表

序号	验收项目	验收标准	检查方式	验收结论（是否合格）	验收问题说明
三、技术资料到货验收				验收人签字：	
8	图纸	1. 外形图。 2. 设备安装图。 3. 二次原理图及接线图	资料检查	□是　□否	
9	技术资料	制造厂应免费随设备提供给买方下述资料： 1. 断路器出厂试验报告及合格证。 2. 断路器型式试验和特殊试验报告。 3. 主要材料检验报告，套管、密度继电器、绝缘拉杆、电流互感器、温湿度加热器等组件的检验报告。 4. 安装使用说明书	资料检查	□是　□否	

表 2-15　断路器设备竣工（预）验收标准卡

断路器基础信息	变电站名称		设备名称编号	
	制造厂家		出厂编号	
	验收单位		验收日期	

序号	验收项目	验收标准	检查方式	验收结论（是否合格）	验收问题说明
一、本体外观验收				验收人签字：	
1	外观检查	1. 断路器及构架、机构箱安装应牢靠，连接部位螺栓压接牢固，满足力矩要求，平垫、弹簧垫齐全，螺栓外露长度符合要求，用于法兰连接紧固的螺栓，紧固后螺纹一般应露出螺帽 2～3 圈，各螺栓、螺纹连接件应按要求涂胶并紧固划标志线。 2. 采用垫片（厂家调节垫片除外）调节断路器水平时，支架或底架与基础的垫片不宜超过 3 片，总厚度不应大于 10mm，且各垫片间应焊接牢固。	现场检查	□是　□否	

续表

序号	验收项目	验收标准	检查方式	验收结论（是否合格）	验收问题说明
1	外观检查	3. 一次接线端子无松动、无开裂、无变形，表面镀层无破损。 4. 金属法兰与瓷件胶装部位粘合牢固，防水胶完好。 5. 均压环无变形，安装方向正确，排水孔无堵塞。 6. 断路器外观清洁无污损，油漆完整。 7. 电流互感器接线盒箱盖密封良好。 8. 设备基础无沉降、开裂、损坏	现场检查	□是 □否	
2	铭牌	设备出厂铭牌齐全、参数正确	现场检查	□是 □否	
3	相色	相色标志清晰正确	现场检查	□是 □否	
4	封堵	所有电缆管（洞）口应封堵良好	现场检查	□是 □否	
5	机构箱	1. 机构箱开合顺畅，密封胶条安装到位，应有效防止尘、雨、雪、小虫和动物的侵入。 2. 机构箱内无异物，无遗留工具和备件。 3. 机构箱内备用电缆芯应加有保护帽，二次线芯号头、电缆走向标示牌无缺失现象。 4. 各空气开关、熔断器、接触器等元器件标示齐全正确，可操作的二次元器件应有中文标志并齐全正确。 5. 机构箱内若配有通风设备，应功能正常，若有通气孔，应确保形成对流	现场检查	□是 □否	
6	防爆膜（如配置）	防爆膜检查应无异常，泄压通道通畅且不应朝向巡视通道	现场检查	□是 □否	
二、极柱及瓷套管、复合套管验收				验收人签字：	
7	外观检查	1. 瓷套管、复合套管表面清洁，无裂纹、无损伤。 2. 增爬伞裙完好，无塌陷变形，粘接界面牢固。 3. 防污闪涂料涂层完好，不应存在剥离、破损	现场检查	□是 □否	
8	相间距	极柱相间中心距离误差不大于 5mm	现场检查/资料检查	□是 □否	

续表

序号	验收项目	验收标准	检查方式	验收结论（是否合格）	验收问题说明
三、SF_6气体系统				验收人签字：	
9	SF_6密度继电器	1. 户外安装的密度继电器应设置防雨罩，其应能将表、控制电缆接线端子一起放入，安装位置应方便巡视人员或智能机器人巡视观察。 2. SF_6密度继电器与开关设备本体之间的连接方式应满足不拆卸校验密度继电器的要求；密度继电器应装设在与断路器本体同一运行环境温度的位置；断路器SF_6气体补气口位置尽量满足带电补气要求。 3. 充油型密度继电器无渗漏。 4. 具有远传功能的密度继电器，就地指示压力值应与监控后台一致。 5. 密度继电器报警、闭锁压力值应按制造厂规定整定，并能可靠上传信号及闭锁断路器操作	现场检查	□是 □否	
10	SF_6气体压力	充入SF_6气体气压值满足制造厂规定	现场检查	气压值：____MPa 环境温度：____℃	
11	SF_6气体管路阀系统	截止阀、逆止阀能可靠工作，投运前均已处于正确位置，截止阀应有清晰的关闭、开启方向及位置标示	现场检查	□是 □否	
四、操动机构				验收人签字：	
12	操动机构通用验收要求	1. 操动机构应固定牢靠。 2. 操动机构的零部件齐全，各转动部位应涂以适合当地气候条件的润滑脂。 3. 电动机固定应牢固，转向应正确。 4. 各种接触器、继电器、微动开关、压力开关、压力表、加热驱潮装置和辅助开关的动作应准确、可靠，接点应接触良好、无烧损或锈蚀。 5. 分、合闸线圈的铁心应动作灵活、无卡阻。 6. 压力表应经出厂检验合格，并有检验报告，压力表的电接点动作正确可靠。 7. 操动机构的缓冲器应经过调整；采用油缓冲器时，油位应正常，所采用的液压油应适应当地气候条件，且无渗漏	现场检查	□是 □否	

续表

序号	验收项目	验收标准	检查方式	验收结论（是否合格）	验收问题说明
13	弹簧机构	储能机构检查： 1. 弹簧储能指示正确，弹簧机构储能接点能根据储能情况及断路器动作情况，可靠接通、断开。 2. 储能电机具有储能超时、过流、热偶等保护元件，并能可靠动作，打压超时整定时间应符合产品技术要求。 3. 储能电机应运行无异常、无异声；断开储能电机电源，手动储能能正常执行，手动储能与电动储能之间闭锁可靠。 4. 合闸弹簧储能时间应满足制造厂要求，合闸操作后一般应在 20s（参考值）内完成储能，在 85%～110%的额定电压下应能正常储能	现场检查	□是 □否	
		弹簧机构检查： 1. 弹簧机构应能可靠防止发生空合操作。 2. 合闸弹簧储能时，牵引杆的位置应符合产品技术文件。 3. 合闸弹簧储能完毕后，行程开关应能立即将电动机电源切除，合闸完毕，行程开关应将电动机电源接通，机构储能超时应上传报警信号。 4. 合闸弹簧储能后，牵引杆的下端或凸轮应与合闸锁扣可靠连锁。 5. 分、合闸闭锁装置动作应灵活，复位应准确而迅速，并应开合可靠	现场检查	□是 □否	
		弹簧机构其他验收项目： 1. 传动链条无锈蚀，机构各转动部分应涂以适合当地气候条件的润滑脂。 2. 缓冲器缓冲行程符合制造厂规定。 3. 弹簧机构内轴销、卡簧等应齐全，螺栓应紧固，并画划线标记	现场检查	□是 □否	

续表

序号	验收项目	验收标准	检查方式	验收结论（是否合格）	验收问题说明
14	液压机构	液压机构验收： 1. 液压油标号选择正确，适合设备运行地域环境要求，油位满足设备厂家要求，并应设置明显的油位观察窗，方便在运行状态检查油位情况。 2. 液压机构连接管路应清洁、无渗漏，压力表计指示正常且其安装位置应便于观察。 3. 油泵运转正常，无异常，欠压时能可靠启动，压力建立时间符合要求；若配有过流保护元件，整定值应符合产品技术要求。 4. 液压系统油压不足时，机械、电气防止慢分装置应可靠工作。 5. 具备慢分、慢合操作条件的机构，在进行慢分、慢合操作时，工作缸活塞杆的运动应无卡阻现象，其行程应符合产品技术文件。 6. 液压机构电动机或油泵应能满足 60s 内从重合闸闭锁油压打压到额定油压和 5min 内从零压充到额定压力的要求；机构打压超时应报警，时间应符合产品技术要求。 7. 微动开关、接触器的动作应准确可靠、接触良好；电接点压力表、安全阀、压力释放器应经检验合格，动作可靠，关闭应严密。 8. 联动闭锁压力值应按产品技术文件要求予以整定，液压回路压力不足时能按设定值可靠报警或闭锁断路器操作，并上传信号。 9. 液压机构 24h 内保压试验无异常，24h 压力泄漏量满足产品技术文件要求，频繁打压时能可靠上传报警信号	现场检查	□是　□否	
		液压机构储能装置验收： 1. 采用氮气储能的机构，储压筒的预充氮气压力应符合产品技术文件要求，测量时应记录环境温度；补充的氮气应采用微水含量小于 5μL/L 的高纯氮气作为气源。 2. 储压筒应有足够的容量，在降压至闭锁压力前应能进行“分－0.3s－合分”或“合分－3min－合分”的操作。 3. 对于设有漏氮报警装置的储压器，需检查漏氮报警装置功能可靠	现场检查	氮气压力： ____MPa 环境温度： ____℃ □是　□否	

续表

序号	验收项目	验收标准	检查方式	验收结论（是否合格）	验收问题说明
15	断路器操作及位置指示	断路器及其操动机构操作正常、无卡涩，储能标志和分、合闸标志及动作指示正确，便于观察	现场检查	□是　□否	
16	就地/远方切换	断路器远方、就地操作功能切换正常	现场检查	□是　□否	
17	辅助开关	1. 断路器辅助开关切换时间与断路器主触头动作时间配合良好，接触良好，接点无电弧烧损。 2. 辅助开关应安装牢固，应能防止因多次操作松动变位。 3. 辅助开关应转换灵活、切换可靠、性能稳定。 4. 辅助开关与机构间的连接应松紧适当、转换灵活，并应能满足通电时间的要求；连接锁紧螺帽应拧紧，并应采取防松措施	现场检查	□是　□否	
18	防跳回路	就地、远方操作时，防跳回路均能可靠工作，在模拟手合于故障条件时，断路器不会发生跳跃现象	现场检查	□是　□否	
19	非全相装置	三相非联动断路器缺相运行时，所配置非全相装置能可靠动作，时间继电器经校验合格且动作时间满足整定值要求；带有试验按钮的非全相保护继电器应有警示标志	现场检查	□是　□否	
20	动作计数器	断路器应装设不可复归的动作计数器，其位置应便于读数，分相操作的断路器应分相装设	现场检查	□是　□否	
五、接地验收				验收人签字：	
21	断路器设备	断路器接地采用双引下线接地，接地铜排、镀锌扁钢截面积满足设计要求。接地引下线应有专用的色标；紧固螺钉或螺栓应使用热镀锌工艺，其直径应不小于12mm，接地引下线无锈蚀、损伤、变形。与接地网连接部位其搭接长度及焊接处理符合要求：扁钢（截面不小于100mm^2）为其宽度的2倍且至少3个棱边焊接；圆钢（直径不小于8mm）为其直径的6倍，详见GB 50169《电气装置安装工程接地装置施工验收规范》；焊接处应做防腐处理	现场检查	□是　□否	
22	机构箱	机构箱接地良好，有专用的色标，螺栓压接紧固；箱门与箱体之间的接地连接铜线截面不小于4mm^2	现场检查	□是　□否	

续表

序号	验收项目	验收标准	检查方式	验收结论（是否合格）	验收问题说明
23	控制电缆	1. 由断路器本体机构箱至就地端子箱之间的二次电缆的屏蔽层应在就地端子箱处可靠连接至等电位接地网的铜排上，在本体机构箱内不接地。 2. 二次电缆绝缘层无变色、老化、损坏	现场检查	□是　□否	
六、其他				验收人签字：	
24	加热、驱潮装置	断路器机构箱、汇控柜中应有完善的加热、驱潮装置，并根据温湿度自动控制，必要时也能进行手动投切，其设定值满足安装地点环境要求	现场检查	□是　□否	
		机构箱、汇控柜内所有的加热元件应是非暴露型的；加热驱潮装置及控制元件的绝缘应良好，加热器与各元件、电缆及电线的距离应大于 50mm；加热驱潮装置电源与电机电源要分开	现场检查	□是　□否	
		寒冷地域装设的加热带能正常工作	现场检查	□是　□否	
25	照明装置	断路器机构箱、汇控柜应装设照明装置，且工作正常	现场检查	□是　□否	
26	一次引线	1. 引线无散股、扭曲、断股现象；引线对地和相间符合电气安全距离要求，引线松紧适当，无明显过松过紧现象，导线的弧垂须满足设计规范。 2. 铝设备线夹在可能出现冰冻的地区朝上 30°～90°安装时，应设置滴水孔。 3. 设备线夹连接宜采用热镀锌螺栓。 4. 设备线夹与压线板是不同材质时，应采用面间过渡安装方式而不应使用铜铝对接过渡线夹	现场检查	□是　□否	

表 2－16　**断路器设备交接试验验收标准卡**

断路器基础信息	变电站名称			设备名称编号		
	制造厂家			出厂编号		
	验收单位			验收日期		
序号	验收项目		验收标准	检查方式	验收结论（是否合格）	验收问题说明
一、绝缘介质试验验收					验收人签字：	
1	SF_6气体		SF_6气体必须经SF_6气体质量监督管理中心抽检合格，并出具检测报告后方可使用。对气瓶抽检率参照 GB/T 12022—2014《工业六氟化硫》，其他每瓶只测定含水量	资料检查	□是　□否	
			纯度（质量分数）$/10^{-2}\geqslant 99.8\%$（SF_6气体注入设备后进行）		□是　□否	
			水含量（质量分数）$/10^{-6}\leqslant 5$（20℃）		□是　□否	
			湿度露点（101325Pa）$\leqslant -49.7$℃（20℃）		□是　□否	
			酸度（以 HF 计）（质量分数）$/10^{-6}\leqslant 0.2$		□是　□否	
			四氟化碳（质量分数）$/10^{-6}\leqslant 100$		□是　□否	
			空气（质量分数）$/10^{-6}\leqslant 300$		□是　□否	
			可水解氟化物（以 HF 计）（质量分数）$/10^{-6}\leqslant 1$		□是　□否	
			矿物油（质量分数）$/10^{-6}\leqslant 4$		□是　□否	
			生物试验无毒		□是　□否	
			35～500kV 设备：SF_6气体含水量的测定应在断路器充气 24h 后进行。750kV 设备在充气至额定压力 120h 后进行，且测量时环境相对湿度不大于 80%。 SF_6气体含水量（20℃的体积分数）应符合：与灭弧室相通的气室，应小于 150μL/L，其他气室小于 250μL/L	旁站见证/资料检查	□是　□否	

续表

序号	验收项目	验收标准	检查方式	验收结论（是否合格）	验收问题说明
2	密封试验（SF_6）	采用灵敏度不低于 1×10^{-6}（体积比）的检漏仪对断路器各密封部位、管道接头等处进行检测时，检漏仪不应报警；必要时可采用局部包扎法进行气体泄漏测量。以 24h 的漏气量换算，每一个气室年漏气率不应大于 0.5%（750kV 断路器设备相对年漏气率不应大于 0.5μL/L，依据 Q/GDW 1157《750kV 电力设备交接试验规程》）；泄漏值的测量应在断路器充气 24h 后进行	旁站见证/资料检查	□是 □否	
二、表计校验				验收人签字：	
3	SF_6密度继电器及压力表校验	1. SF_6气体密度继电器安装前应进行校验并合格，动作值应符合产品技术条件。 2. 各类压力表（液压、空气）指示值的误差及其变差均应在产品相应等级的允许误差范围内	旁站见证/资料检查	□是 □否	
三、电气试验验收				验收人签字：	
4	绝缘电阻测量	断路器整体绝缘电阻值测量，应参照制造厂规定	旁站见证/资料检查	绝缘电阻： ____MΩ □是 □否	
5	主回路电阻测量	采用电流不小于 100A 的直流压降法，测试结果应符合产品技术条件规定值；与出厂值进行对比，不得超过 120%出厂值	旁站见证/资料检查	回路电阻： ____μΩ □是 □否	
6	瓷套管、复合套管	使用 2500V 绝缘电阻表测量，绝缘电阻不应低于 1000MΩ	旁站见证/资料检查	□是 □否	
		复合套管应进行憎水性测试	旁站见证/资料检查	□是 □否	
		交流耐压试验可随断路器设备一起进行	旁站见证/资料检查	□是 □否	

续表

序号	验收项目	验收标准	检查方式	验收结论（是否合格）	验收问题说明
7	交流耐压试验	真空断路器（35kV）： 1. 应在断路器合闸及分闸状态下进行交流耐压试验。 2. 当在合闸状态下进行时，试验电压应符合厂家出厂试验电压的 80%。 3. 当在分闸状态下进行时，真空灭弧室断口间的试验电压应按产品技术条件的规定执行，试验中不应发生贯穿性放电	旁站见证/资料检查	□是　□否	
		35～500kV SF_6 断路器： 1. 在 SF_6 气压为额定值时进行，试验电压按出厂试验电压的 80%，试验时间为 60s。 2. 110kV 以下电压等级应进行合闸对地和断口间耐压试验。 3. 罐式断路器应进行合闸对地和断口间耐压试验。 4. 500kV 定开距瓷柱式断路器只进行断口耐压试验	旁站见证/资料检查	□是　□否	
		750kV SF_6 断路器： 1. 主回路交流耐压试验。 1）试验前应用 5000V 绝缘电阻表测量每相导体对地绝缘电阻。 2）在充入额定压力的 SF_6 气体，其他各项交接试验项目完成并合格后进行，断路器应在合闸状态。 3）试验电压值为出厂试验电压值的 90%，试验电压频率在 10～300Hz 范围内。 4）试验前可进行低电压下的老炼试验，施加试验电压值和时间可与厂家协商确定（推荐方案见 Q/GDW 1157《750kV 电力设备交接试验规程》）。 2. 断口交流耐压试验。 1）主回路交流耐压试验完成后应进行断口交流耐压试验。 2）试验电压值为出厂试验电压值的 90%，试验电压频率在 10～300Hz 范围内。 3）试验时断路器断开，断口一端施加试验电压，另一端接地	旁站见证/资料检查	□是　□否	

续表

序号	验收项目	验收标准	检查方式	验收结论（是否合格）	验收问题说明
8	罐式断路器局部放电量检测	罐式断路器可在耐压过程中进行局部放电检测工作。1.2 倍额定相电压下局部放电量应满足设备厂家技术要求	旁站见证/资料检查	□是 □否	
9	断路器均压电容器的试验（如配置）	断路器均压电容器试验（绝缘电阻、电容量、介质损耗）应符合有关规定： 1. 断路器均压电容器的极间绝缘电阻不应低于 5000 MΩ。 2. 断路器均压电容器的介质损耗角正切值应符合产品技术条件的规定。 3. 20℃时，电容值的偏差应在额定电容值的±5%范围内。 4. 罐式断路器的均压电容器试验可按制造厂的规定进行	旁站见证/资料检查	电容量：____ 介质损耗：____ □是 □否	
10	断路器机械特性测试	1. 应在断路器的额定操作电压、气压或液压下进行。 2. 测量断路器主、辅触头的分、合闸时间，测量分、合闸的同期性，实测数值应符合产品技术条件的规定。 3. 交接试验时应记录设备的机械特性行程曲线，并与出厂时的机械特性行程曲线进行对比，应在参考机械行程特性包络线范围内（DL/T 615—2013《高压交流断路器参数选用导则》）。 4. 真空断路器合闸弹跳 40.5kV 以下不应大于 2ms，40.5kV 及以上不应大于 3ms；分闸反弹幅度不应超过额定开距的 20%	旁站见证/资料检查	□是 □否	
11	辅助开关与主触头时间配合试验	对断路器合—分时间及操动机构辅助开关的转换时间与断路器主触头动作时间之间的配合试验检查，对 220kV 及以上断路器，合分时间应符合产品技术条件中的要求，且满足电力系统安全稳定要求	旁站见证/资料检查	□是□否	
12	SF_6断路器的分、合闸速度	应在断路器的额定操作电压、气压或液压下进行，实测数值应符合产品技术条件的规定（现场无条件安装采样装置的断路器，可不进行本试验）	旁站见证/资料检查	□是 □否	
13	断路器合闸电阻试验（如配置）	在断路器产品交接试验中，应对断路器主触头与合闸电阻触头的时间配合关系进行测试，有条件时应测量合闸电阻的阻值。合闸电阻的提前接入时间可参照制造厂规定执行，一般为 8～11ms（参考值）。合闸电阻值与初值（出厂值）差应不超±5%	旁站见证/资料检查	配合时间：____ms 合闸电阻值：____Ω □是 □否	

续表

序号	验收项目	验收标准	检查方式	验收结论（是否合格）	验收问题说明
14	断路器分合闸线圈电阻值	测量合闸线圈、分闸线圈直流电阻应合格，与出厂试验值的偏差不超过±5%	旁站见证/资料检查	线圈电阻： 合闸线圈： ____Ω 分闸线圈 1： ____Ω 分闸线圈 2： ____Ω □是 □否	
15	断路器分、合闸线圈的绝缘性能	使用 1000V 绝缘电阻表进行测试，不应低于 10MΩ	旁站见证/资料检查	绝缘电阻： ____MΩ □是 □否	
16	断路器机构操作电压试验	合闸操作： 弹簧、液压操动机构合闸装置在额定电源电压的 85%～110%范围内，应可靠动作	旁站见证/资料检查	□是 □否	
		分闸操作： 1. 分闸装置在额定电源电压的 65%～110%（直流）或 35%～110%（交流）范围内，应可靠动作，当此电压小于额定值的 30%时，不应分闸（Q/GDW 1168—2013《输变电设备状态检修试验规程》）。 2. 附装失压脱扣器的，其动作特性应符合其出厂特性的规定。 3. 附装过流脱扣器的，其额定电流规定不小于 2.5A，脱扣电流的等级范围及其准确度应符合相关标准	旁站见证/资料检查	□是 □否	
17	辅助和控制回路试验	采用 2500V 绝缘电阻表进行绝缘试验，绝缘电阻大于 10MΩ（国网电科〔2014〕315 号《国家电网公司关于印发电网设备技术标准差异化统一条款意见的通知》）	旁站见证/资料检查	绝缘电阻： ____MΩ □是 □否	

续表

序号	验收项目	验收标准	检查方式	验收结论（是否合格）	验收问题说明
18	电流互感器试验	二次绕组绝缘电阻、直流电阻、变比、极性、误差测量、励磁曲线测量等应符合产品技术条件。 二次绕组绝缘电阻测量时使用2500V绝缘电阻表，与出厂值对比无明显变化	旁站见证/资料检查	绝缘电阻：____MΩ □是 □否	
19	开、合空载架空线路、空载变压器和并联电抗器的试验	开、合空载架空线路、空载变压器和并联电抗器的试验，是否开展可根据招标文件、技术规范书执行。操作顺序亦按技术规范书执行	旁站见证/资料检查	□是 □否	
四、试验数据分析验收				验收人签字：	
20	试验数据的分析	试验数据应通过显著性差异分析法和横纵比分析法进行分析，并提出意见	旁站见证/资料检查	□是 □否	

表 2-17　断路器设备资料及文件验收标准卡

断路器基础信息	变电站名称		设备名称编号		
	制造厂家		出厂编号		
	验收单位		验收日期		
序号	验收项目	验收标准	检查方式	验收结论（是否合格）	验收问题说明
资料及文件验收				验收人签字：	
1	订货合同、技术协议	资料齐全	资料检查	□是 □否	

续表

序号	验收项目	验收标准	检查方式	验收结论（是否合格）	验收问题说明
2	安装使用说明书、装箱清单、图纸、维护手册等技术文件	资料齐全	资料检查	□是　□否	
3	重要材料和附件的工厂检验报告和出厂试验报告	资料齐全，数据合格	资料检查	□是　□否	
4	出厂试验报告	资料齐全，数据合格	资料检查	□是　□否	
5	安装检查及安装过程记录	记录齐全，数据合格	资料检查	□是　□否	
6	安装过程中设备缺陷通知单、设备缺陷处理记录	记录齐全	资料检查	□是　□否	
7	交接试验报告	项目齐全，数据合格	资料检查	□是　□否	
8	安装质量检验及评定报告	项目齐全，质量合格	资料检查	□是　□否	
9	备品、备件、专用工具及测试仪器清单	资料齐全	资料检查	□是　□否	

表 2-18　断路器设备启动验收标准卡

断路器基础信息	变电站名称		设备名称编号		
	制造厂家		出厂编号		
	验收单位		验收日期		
序号	验收项目	验收标准	检查方式	验收结论（是否合格）	验收问题说明
一、外观验收				验收人签字：	
1	瓷套管、复合套管	运行正常，无电晕和放电声	现场检查	□是　□否	
2	密度继电器	密度继电器按厂家规定值，指示在正常范围	现场检查	压力值：____MPa 环境温度：____℃ □是　□否	
3	储能机构	液压机构、弹簧机构储能正常	现场检查	□是　□否	
4	位置指示	断路器运行位置指示正常	现场检查	□是　□否	
5	本体	各部分无放电现象	现场检查	□是　□否	
6	声音	无异常	现场检查	□是　□否	
二、设备红外测温				验收人签字：	
7	设备本体及接头	设备本体及接头无过热现象	现场检查	□是　□否	

2.3 运行规程标准化规范

2.3.1 业务概述

变电站现场运行规程是变电站运行的依据，每座变电站应编制独立的专用规程。编制、修订与审批应严格执行管理流程，并填写《变电站现场运行规程编制（修订）审批表》，应与现场运行规程一同存放。变电站现场运行规程分为通用规程与专用规程两部分。通用规程主要对变电站运行提出通用和共性的管理和技术要求，适用于本单位管辖范围内各相应电压等级变电站。变电站现场运行通用规程由省级电力公司组织编制。专用规程主要结合变电站现场实际情况提出具体的、差异化的、针对性的管理和技术规定，仅适用于该变电站。变电站现场运行专用规程由省检修公司、地市公司组织编制。因本分册适用对象为变电站各运维岗位人员，故仅对专用规程部分进行介绍。

2.3.2 业务流程

专用规程工作流程如图 2－4 所示。

2.3.3 工作记录

（1）变电站现场运行规程编制（修订）审批表模板见表 2－19。

表 2－19　　变电站现场运行规程编制（修订）审批表

编号：

规程名称：
修编原因：
修编内容（修编范围及主要条款）：
编写人员（签字）： 编写负责人：　年　月
会审人员（签字）： 年　月
安监部意见： 审核人：　年　月
调控中心意见： 审核人：　年　月
运检管理部门意见： 审核人：　年　月
分管领导意见： 审核人：　年　月

专用规程工作流程

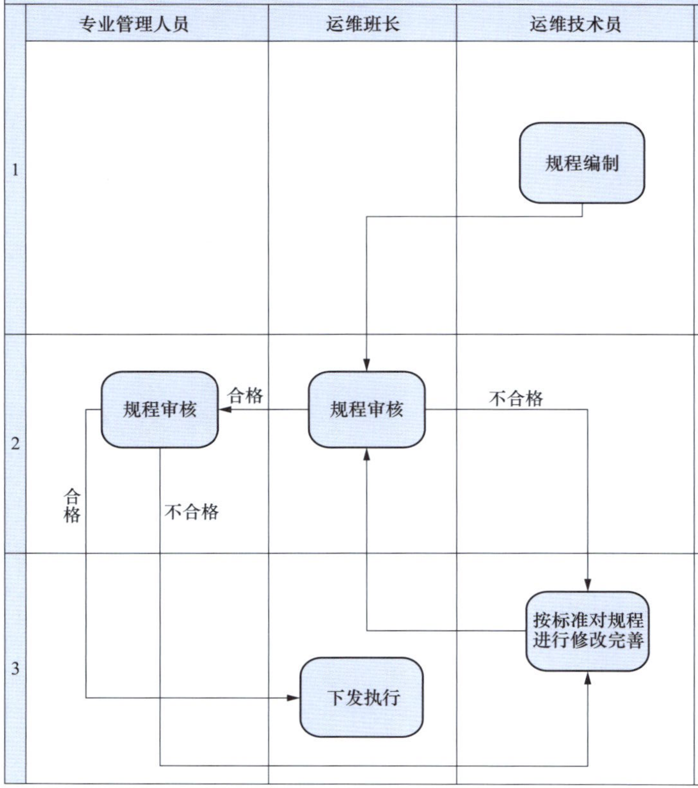

工作标准(要点)

1

1.变电站现场运行规程应涵盖变电站一次、二次设备及辅助设施的运行、操作注意事项、故障及异常处理等内容。
2.新建(改、扩建)变电站投运前一周应具备经审批的变电站现场运行规程，之后每年应进行一次复审、修订，每五年进行一次全面的修订、审核并印发。
3.变电站现场运行规程应依据国家、行业、公司颁发的规程、制度、反事故措施，运检、安监、调控等部门专业要求，以及图纸和说明书等，并结合变电站现场实际情况编制。
4.变电站现场运行规程编制、修订与审批应严格执行管理流程，并填写变电站现场运行规程编制(修订)审批表。变电站现场运行规程编制(修订)审批表应与现场运行规程一同存放。
5.变电站现场运行专用规程由省检修公司、地市公司组织编制，由分管领导组织运检、安监、调控等专业会审并签发执行。每座变电站应编制独立的专用规程，采用“单位名称+电压等级+名称+变电站现场运行专用规程”的形式命名。
6.变电站现场运行规程格式按照DL/T600《电力行业标准编写基本规定》《国家电网公司技术标准管理办法》编排

2

专用规程主要内容：
1.变电站简介。
2.系统运行(含调度管辖范围、正常运行方式、特殊运行方式和事故处理等)。
3.一、二次设备及辅助设施的型号与配置，主要运行参数、主要功能、可控元件(空气开关、压板、切换开关等)的作用与状态，运行与操作注意事项，检修后验收，故障及异常处理等。
4.典型操作票(一次设备停复役操作、运行方式变更操作、继电保护及安全自动装置投退操作等)。
5.图表(一次系统主接线图、交直流系统图、交直流系统空气开关保险级差配置表、保护配置表、主设备运行参数表等)

3

1.当发生下列情况时，应修订专用规程：通用规程发生改变，专用规程与此冲突时；当各级专业部门提出新的管理或技术要求，专用规程与此冲突时；当变电站设备、环境、系统运行条件等发生变化时；当发生事故教训，提出新的反事故措施后；当执行过程中发现问题后。
2.变电站现场运行规程每年进行一次复审，由各级运检管理部门组织，审查流程参照编制流程执行。不需修订的应在变电站现场运行规程编制（修订）审批表中出具“不需修订，可以继续执行”的意见，并经各级分管领导签发执行；变电站现场运行规程每五年进行一次全面修订，由各级运检管理部门组织，修订流程参照编制流程执行，经全面修订后重新发布，原规程同时作废

图 2－4　专用规程工作流程图

(2) 变电站现场运行专用规程模板如下。

××××公司

××kV××变电站

现场运行专用规程

××××年××月

××kV××变电站现场运行专用规程

1 变电站基本情况

2 系统运行

2.1 调度管辖范围划分

2.2 运行方式

2.3 事故处理

3 一次设备

3.1 变压器（高压电抗器）

3.2 高压断路器

3.3 组合电器

3.4 隔离断路器

3.5 高压隔离开关

3.6 电压互感器

3.7 电流互感器

3.8 电子式互感器

3.9 电抗器

3.10 电力电容器

3.11 开关柜

3.12 防雷及接地装置

3.13 耦合电容器（结合滤波器）

3.14 阻波器

3.15 母线、构架、绝缘子

3.16 电力电缆

3.17 融冰装置

4 二次设备

4.1 变压器保护

4.2 高压电抗器保护

4.3 线路保护

4.4　断路器保护
4.5　母线保护
4.6　电容器保护
4.7　电抗器保护
4.8　站用变压器保护
4.9　安全稳定自动装置
4.10　无功自动投切装置
4.11　故障录波器
4.12　保护管理机、保护信息子站
4.13　站端自动化系统
4.14　其他二次设备（行波测距、同步时钟等）
5　智能二次设备
5.1　合并单元
5.2　智能终端
5.3　交换机
6　站用交直流系统
6.1　站用电系统
6.2　直流电源系统
6.3　UPS 电源系统
6.4　交直流一体化电源系统
7　防误操作系统
7.1　系统配置
7.2　装置使用方法
7.3　故障及异常处理
8　辅助设施
8.1　变电站消防系统
8.2　变电站安全防范系统
8.3　变电站视频监控系统
8.4　变电站安全防汛排水系统

3　设备巡视标准化规范

3.1　设备例行巡视标准化规范

3.1.1　业务概述

例行巡视是指对站内设备及设施外观、异常声响、设备渗漏、监控系统、二次装置及辅助设施异常告警、消防安防系统完好性、变电站运行环境、缺陷和隐患跟踪检查等方面的常规性巡查，具体巡视项目按照现场运行通用规程和专用规程执行。

3.1.2　业务流程

例行巡视工作流程如图 3－1 所示。

3.1.3　工作记录

例行巡视记录模板如表 3－1。

表 3－1　　设备巡视记录

变电站		电压等级	
巡视日期		变电站类别	
巡视类型	例行巡视	天气	
气温（℃）		巡视班组	
巡视人		是否使用巡检仪巡视	
巡视开始时间		巡视结束时间	
巡视内容			
巡视结果			
备注			

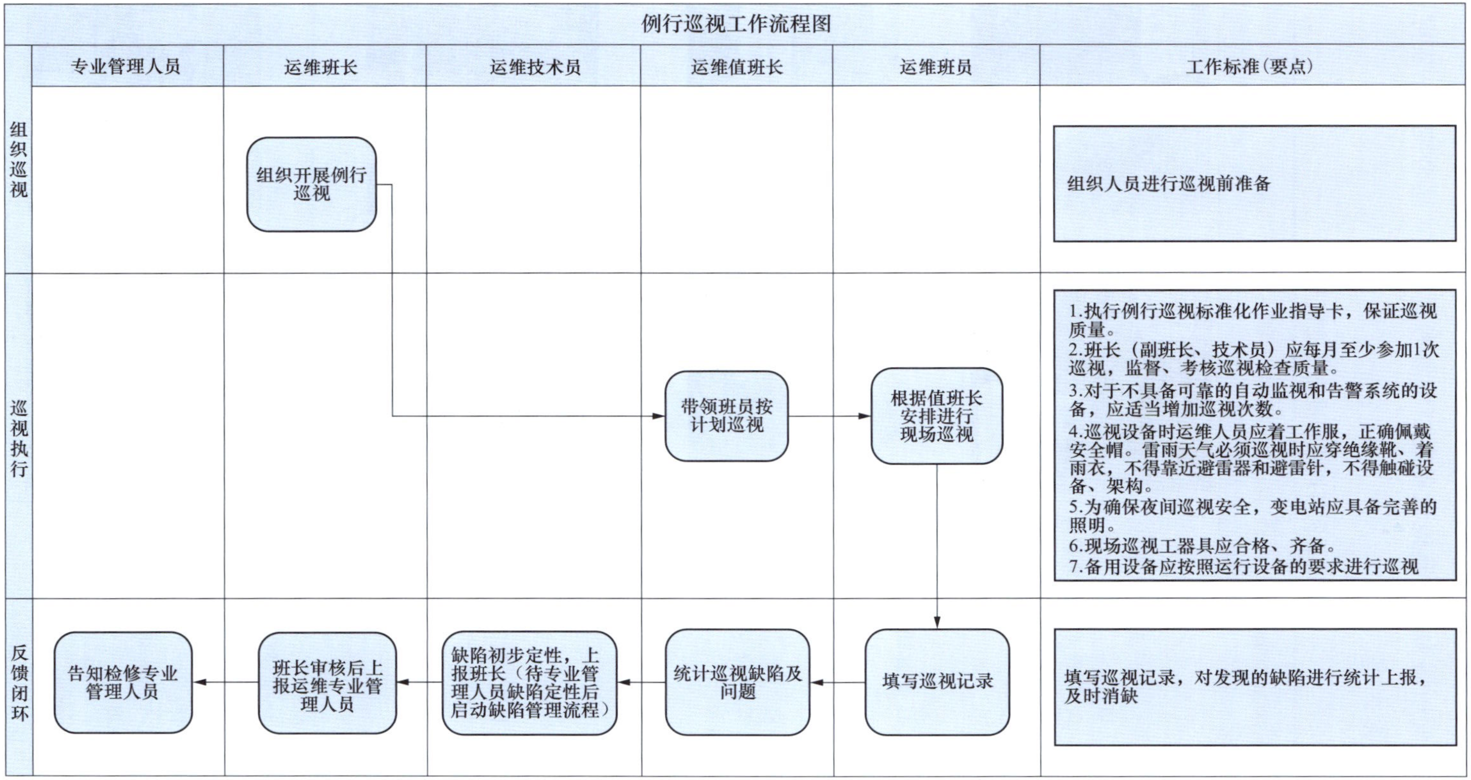

图 3-1　例行巡视工作流程图

3.1.4 设备例行巡视标准化作业指导卡

本书中以变压器为例，其他设备类型可参考此模版，结合变电站实际进行编制，模板见表 3-2。

表 3-2　　变压器例行巡视标准化作业指导卡

设备部位	巡视项目	巡视标准	图例	
本体	温度	1. 本体温度计完好、无破损。 2. 检查上层油温数值不超过 95℃（85℃）	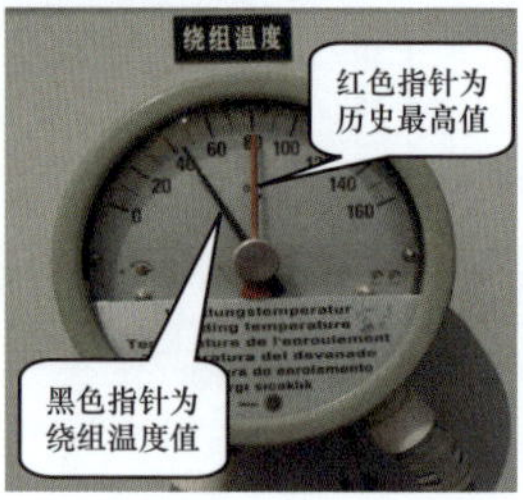	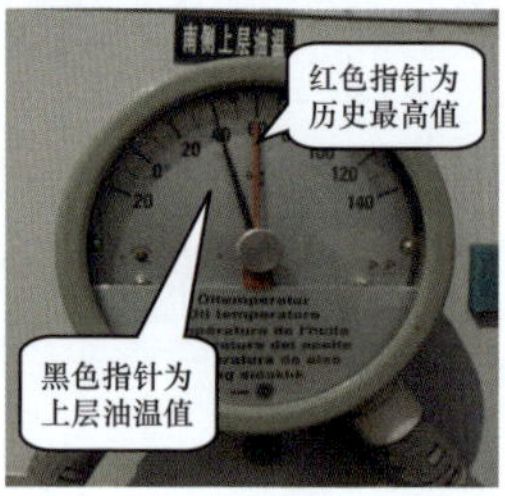
	油色、油位	1. 观察储油柜油位表的刻度，与温度曲线进行比对。 2. 油色应为透明的淡黄色。 3. 油位表无破损和渗漏油	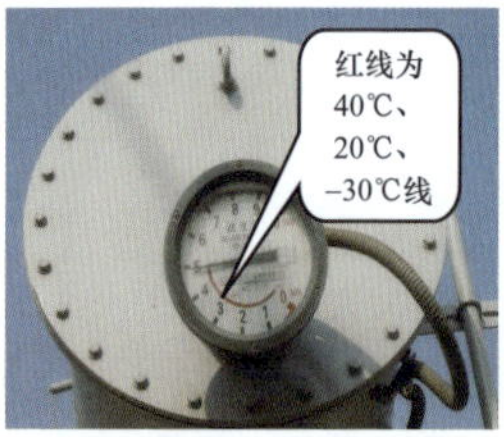	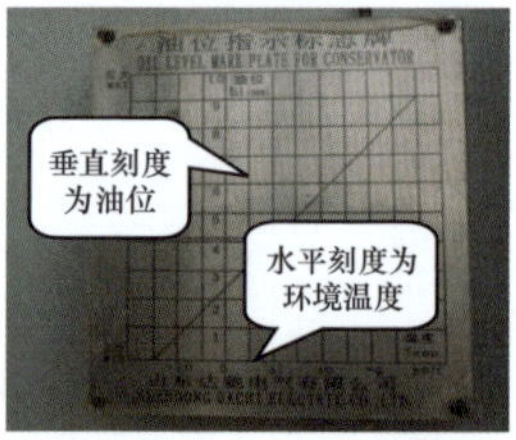
	渗漏油	接缝、阀门、法兰、油泵、储油柜等无渗漏油	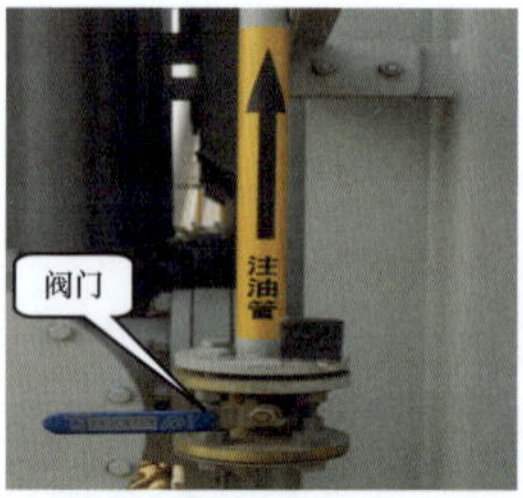	
	气体继电器	1. 气体继电器内应充满油，油色应为淡黄色且透明，无渗漏油，内无气体。 2. 防雨措施完好、牢固。 3. 气体继电器的引出二次电缆应无油迹和腐蚀现象，无松动		

续表

设备部位	巡视项目	巡视标准	图例	
本体	声音	1. 正常应为均匀的嗡嗡声音。 2. 无放电声音及异常振动等现象		
	压力释放装置	1. 有无渗漏油，二次引线及护管无破损。 2. 防爆膜完好无损。 3. 指示杆未突出，无喷油痕迹		
	呼吸器	1. 硅胶有无变色受潮，受潮变色部分不超过总量的 2/3。 2. 油杯完好，无破损。 3. 油位正常，应在上、下油位标志线之间。 4. 密封良好，如硅胶上部先变色，可判断为密封不良。 5. 呼吸应畅通，随着负荷和油温的变化有气泡产生，如无气泡产生，则说明有堵塞现象，应及时处理	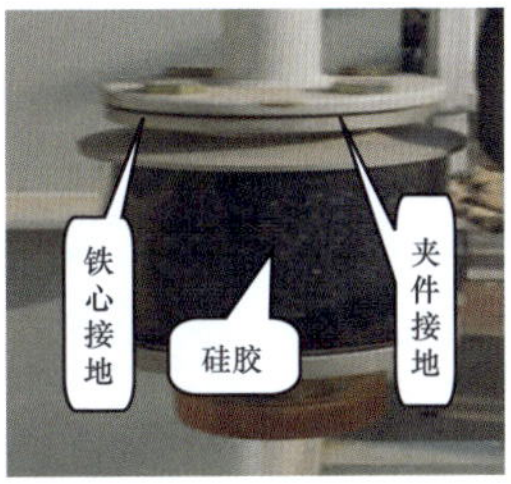	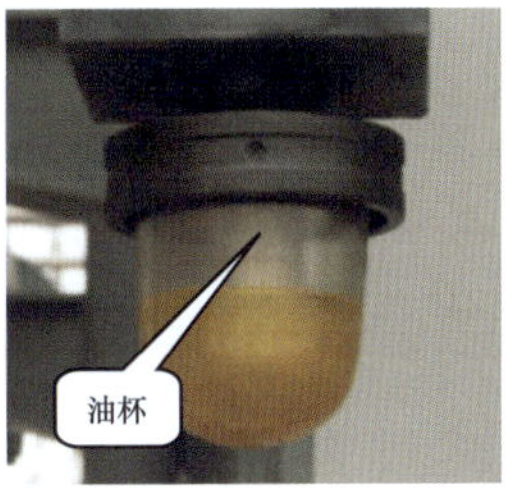
	接地装置	1. 各部件的接地应完好，无锈蚀。 2. 铁心和外壳接地线应良好。铁心接地线电流应不大于 100mA	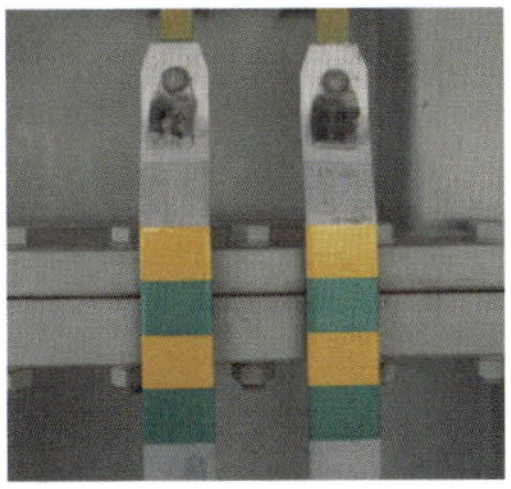	

续表

设备部位	巡视项目	巡视标准	图例	
本体	调压装置	1. 分接开关的分接位置及电源指示应正常。 2. 调压开关、操动机构无渗漏油。 3. 无不正常的噪声和振动	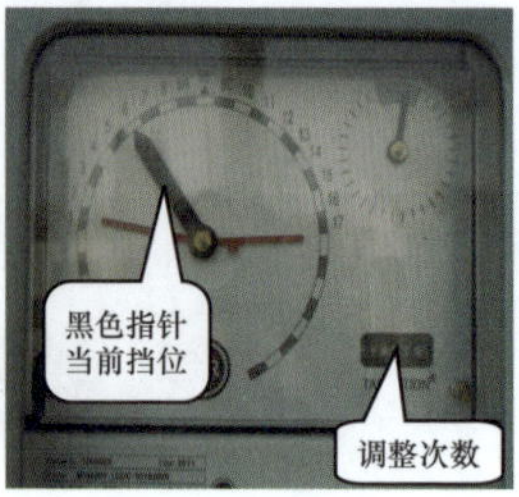	
三侧套管	油位、油色	1. 油位应在上、下油位标志线之间。 2. 无破损、裂纹、放电痕迹及其他异常现象。 3. 油色应为透明的淡黄色。 4. 引流线无破股，接线板无异常。 5. 雪天、雨天触头无熔化或蒸汽。 6. 接线端子实测温度与环境温度的差值不大于 45℃	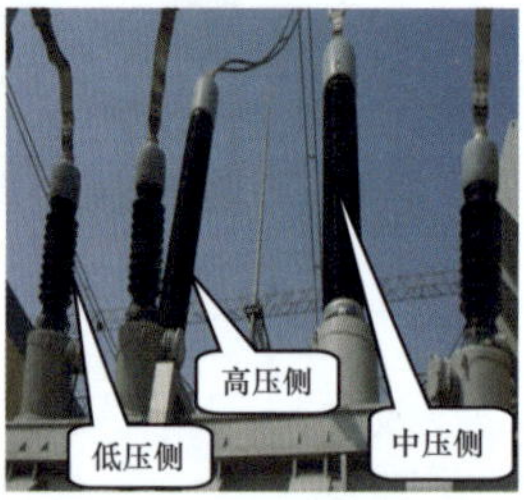	
导流引线	发热现象	1. 线夹压接牢固、接触良好，无变色、变形。 2. 主导流接触部位无变色，有无氧化加剧，示温片或变色漆有无融化变色现象		
	导流引线	1. 引线无断股、无烧伤痕迹。 2. 导线弧垂变化是否明显，无挂落异物	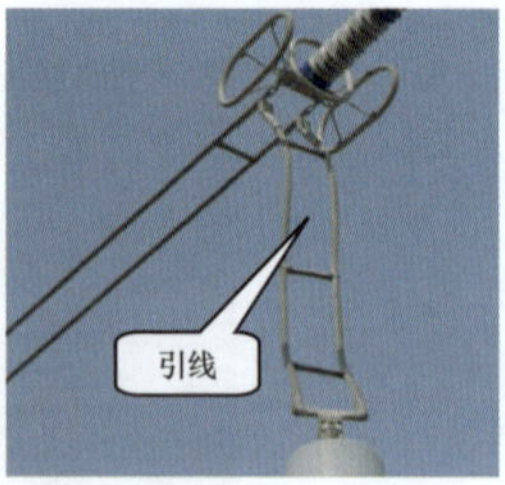	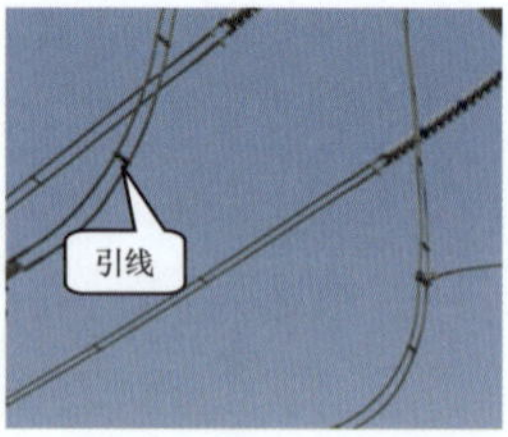

续表

设备部位	巡视项目	巡视标准	图例	
导流引线	绝缘子	1. 应清洁，无破损、裂纹、放电声。 2. 各侧绝缘子安装牢固		
冷却系统	散热器	1. 散热装置清洁，散热片不应有过多的积灰等附着脏物。 2. 各散热器手感温度应相近		
	油泵、风扇	1. 油泵运转正常。 2. 风扇电动机声响正常，风扇叶子无抖动碰壳现象		
	油流继电器	1. 运行中冷却器的油流继电器应指示在“流动位置”，无颤动现象。 2. 运行中油流继电器指示异常时，应检查油流继电器挡板无损坏脱落		

续表

设备部位	巡视项目	巡视标准	图例	
中性点设备	接地装置	1. 套管无破损、裂纹，引线连接良好。 2. 接地装置完好、无开焊及锈蚀		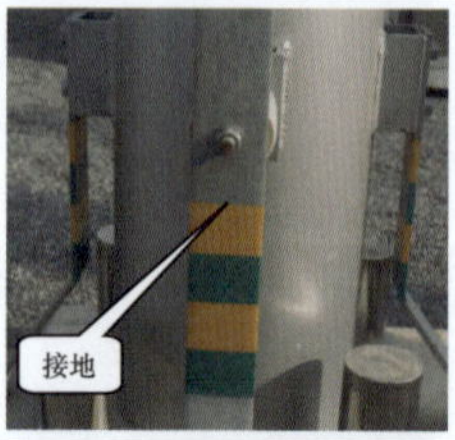
	电流互感器	1. 套管无破损、裂纹，引线连接良好。 2. 无渗漏油现象。 3. 油位、油色正常		
	避雷器	1. 外观清洁无锈蚀。 2. 内部应无响声。 3. 计数器完好。 4. 泄漏电流应在正常范围内。 5. 引线完好，接触牢靠，线夹无裂纹		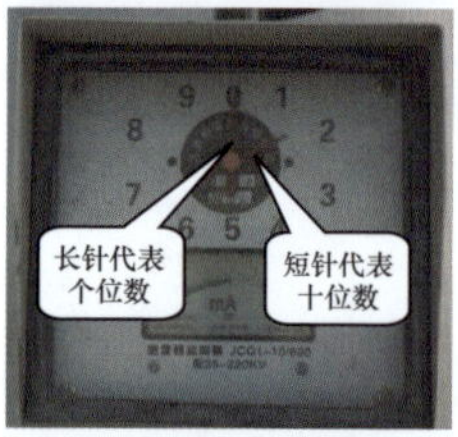
端子箱、控制箱	箱体外部	1. 箱门关闭严密，无受潮。 2. 箱体外部油漆完整，无锈蚀、破损	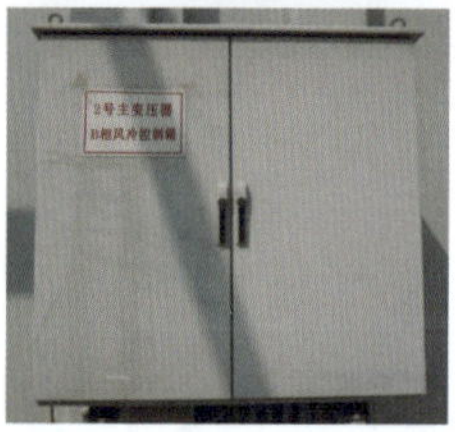	
	箱体内部	1. 接触器接触良好，风冷交流电压开关正常投入。 2. 各工作方式开关的切换位置正确。 3. 箱内各继电器运行正常。 4. 箱内加热器、照明均正常，温控装置工作正常。 5. 箱内接线无松动、脱落、发热痕迹。 6. 封堵良好。 7. 检查Ⅰ段电源工作正常		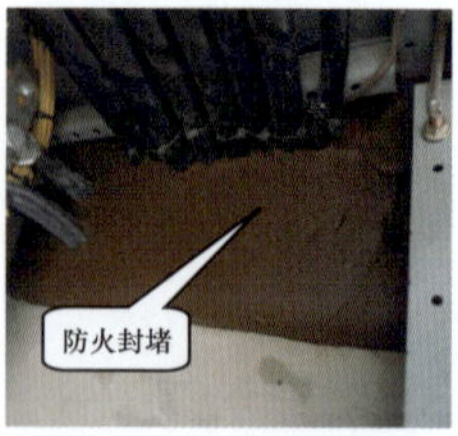

续表

<table>
<tr><th>设备部位</th><th>巡视项目</th><th>巡视标准</th><th colspan="2">图例</th></tr>
<tr><td rowspan="3">其他</td><td>主变压器排油注氮灭火装置</td><td>1. 氮气压力表指示正常。
2. 氮阀机械锁定锁销已解除。
3. 油阀机械锁定锁销已解除。
4. 油路、气路管道无渗漏油、漏气现象。
5. 油路、气路管道阀门位置正确。
6. 紧急投入装置密封玻璃良好</td><td></td><td>
</td></tr>
<tr><td>附属设施</td><td>1. 在线监测装置应保持良好状态。
2. 事故储油坑的卵石层厚度应符合要求，排油管道畅通。
3. 设备编号齐全、清晰、无损坏，相序标注清晰</td><td>
</td><td>
</td></tr>
<tr><td>设备基础</td><td>1. 设备基础牢固，无倾斜、变形、破损。
2. 各侧龙门架基础牢固，无倾斜、变形、破损。
3. 钢构部分完整、牢固，无变形、倾斜、锈蚀，无搭挂杂物及鸟巢等</td><td>
</td><td>
</td></tr>
</table>

3.2 设备熄灯巡视标准化规范

3.2.1 业务概述

熄灯巡视指夜间熄灯开展的巡视，重点检查设备有无电晕、放电，接头有无过热现象。熄灯巡视每月不少于1次。

3.2.2 业务流程

熄灯巡视工作流程如图3-2所示。

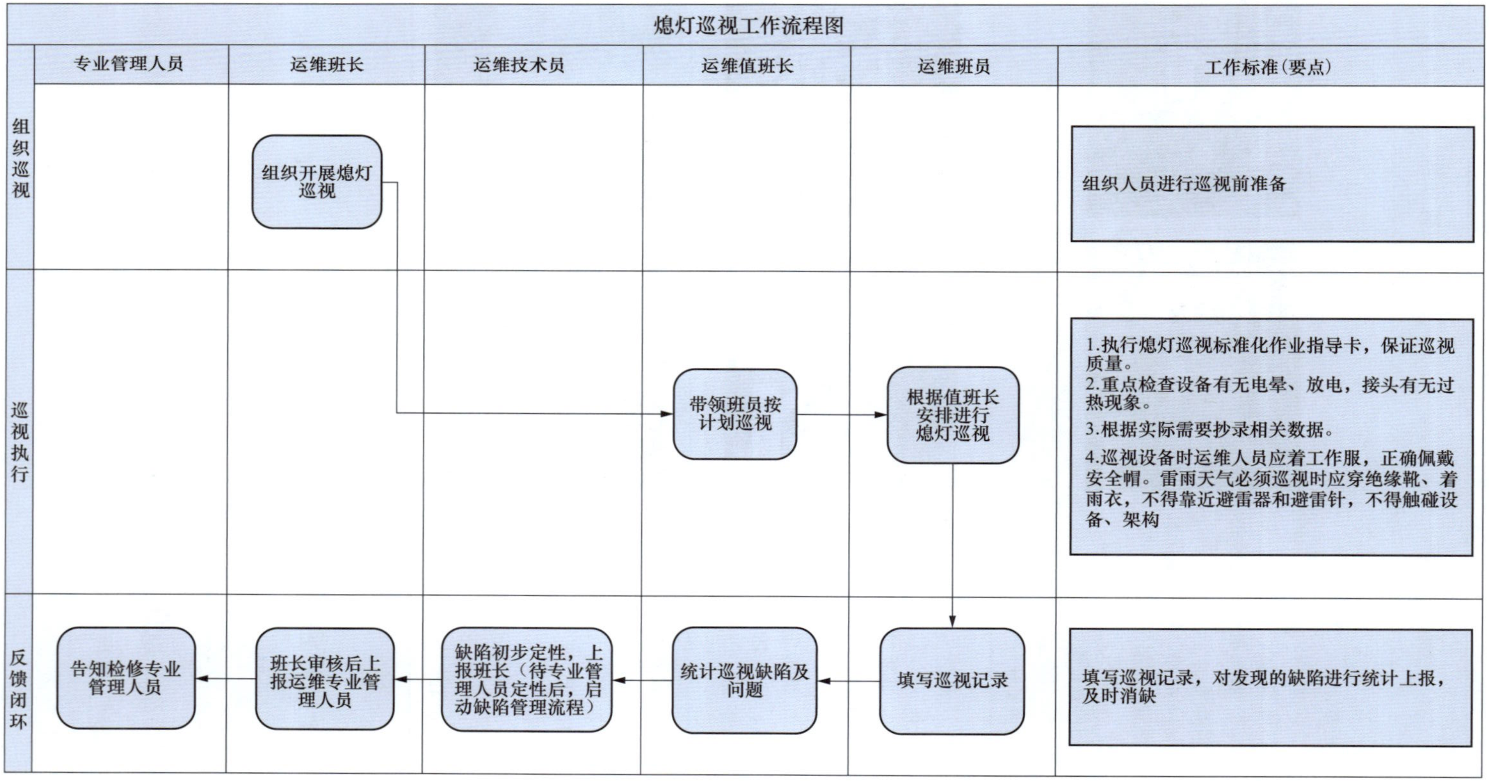

图 3 - 2　熄灯巡视工作流程图

3.2.3 工作记录

熄灯巡视记录模板见表 3－3。

表 3－3　　设备巡视记录

变电站		电压等级	
巡视日期		变电站类别	
巡视类型	熄灯巡视	天气	
气温（℃）		巡视班组	
巡视人		是否使用巡检仪巡视	
巡视开始时间		巡视结束时间	
巡视内容			
巡视结果			
备注			

3.2.4 设备熄灯巡视标准化作业指导卡

设备熄灯巡视标准化作业指导卡模板见表 3－4。

表 3－4　　设备熄灯巡视标准化作业指导卡

设备类型	巡视部位	巡视标准
变压器（电抗器）	引线、接头、套管末屏	1. 引线、接头、套管末屏无放电、发红迹象。 2. 套管无闪络、放电
断路器	引线、接头、线夹	重点检查引线、接头、线夹有无发热，外绝缘有无放电现象
组合电器	引线、套管	1. 设备无异常声响。 2. 引线连接部位、线夹无放电、发红迹象，无异常电晕。 3. 套管等部件无闪络、放电
隔离开关	隔离开关触头、引线、接头、线夹、绝缘子	重点检查隔离开关触头、引线、接头、线夹有无发热，绝缘子表面有无放电现象

续表

设备类型	巡视部位	巡视标准
开关柜	开关柜外观检查引线、接头、瓷套管	熄灯巡视时应通过外观检查或者通过观察窗检查开关柜引线、接头无放电、发红迹象，检查瓷套管无闪络、放电
电流互感器	引线、接头、外绝缘	1. 引线、接头无放电、发红、严重电晕迹象。 2. 外绝缘无闪络、放电
电压互感器	引线、接头、外绝缘	1. 引线、接头无放电、发红、严重电晕迹象。 2. 外绝缘无闪络、放电
避雷器	引线、接头、外绝缘	1. 引线、接头无放电、发红、严重电晕迹象。 2. 外绝缘无闪络、放电
并联电容器	引线、接头、套管	1. 检查引线、接头有无放电、发红过热迹象。 2. 检查套管无闪络、放电痕迹
干式电抗器	引线、接头、绝缘子	1. 检查引线、接头无放电、发红过热迹象。 2. 检查绝缘子无闪络、放电痕迹
串联补偿装置	电容器本体、引线、线夹、载流导体、套管	1. 电容器本体、引线、线夹无放电、发热现象。 2. 载流导体无异常发热及放电现象。 3. 载流导体阀控电抗器无发热及放电现象。 4. 套管表面无放电痕迹或电晕
母线及绝缘子	母线、引流线及各接头、绝缘子、金具	1. 母线、引流线及各接头无发红现象。 2. 绝缘子、金具应无电晕及放电现象
穿墙套管	引线及连接线夹、穿墙套管本体	1. 引线及连接线夹无放电、发红。 2. 穿墙套管无放电及异常响声
电力电缆	电缆终端线夹、引线连接部位、电缆终端套管	1. 电缆终端线夹、引线连接部位无放电、过热迹象。 2. 电缆终端套管无放电痕迹或电晕
消弧线圈	引线、接头、套管末屏、套管	1. 引线、接头、套管末屏无放电、发红迹象。 2. 套管无闪络、放电
高频阻波器	引线、接头	检查引线、接头无放电、发红过热、异常电晕迹象
耦合电容器	引线、接头	检查引线、接头无放电、发红过热、异常电晕迹象
高压熔断器	熔断器瓷质绝缘、电气连接处	1. 检查熔断器瓷质绝缘有无异常电晕。 2. 检查熔断器电气连接处有无过热发红
中性点隔直装置	引线连接部位、线夹、绝缘子	1. 引线连接部位、线夹无发热，无异常电晕、放电现象。 2. 绝缘子无闪络、放电
站用变	引线、接头、瓷套管	1. 引线、接头有无放电、发红迹象。 2. 瓷套管有无闪络、放电

3.3 设备特殊巡视标准化规范

3.3.1 业务概述

特殊巡视指因设备运行环境、方式变化而开展的巡视。遇有以下情况，应进行特殊巡视：

（1）大风后。

（2）雷雨后。

（3）冰雪、冰雹后、雾霾过程中。

（4）新设备投入运行后。

（5）设备经过检修、改造或长期停运，重新投入系统运行后。

（6）设备缺陷有发展时。

（7）设备发生过负载或负载剧增、超温、发热、系统冲击、跳闸等异常情况。

（8）法定节假日、上级通知有重要保供电任务时。

（9）电网供电可靠性下降或存在发生较大电网事故（事件）风险时段。

3.3.2　业务流程

特殊巡视工作流程如图 3－3 所示。

3.3.3　工作记录

特殊巡视记录模板见表 3－5。

表 3－5　　设备巡视记录

变电站		电压等级	
巡视日期		变电站类别	
巡视类型	特殊巡视	天气	
气温（℃）		巡视班组	
巡视人		是否使用巡检仪巡视	
巡视开始时间		巡视结束时间	
巡视内容			
巡视结果			
备注			

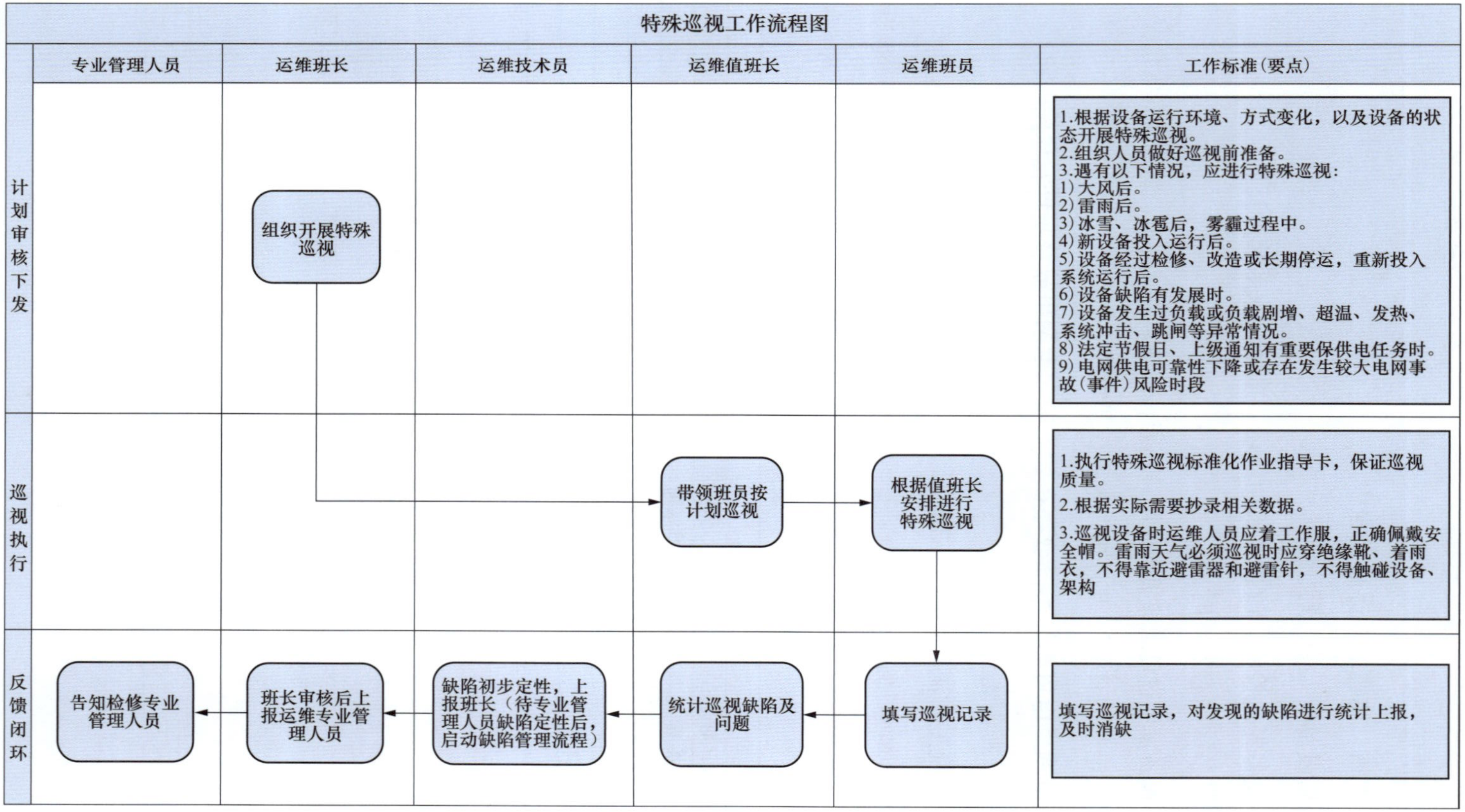

图 3－3 特殊巡视工作流程图

3.3.4 设备特殊巡视标准化作业指导卡

本书中以变压器设备为例，其他设备类型可参考此模板，结合变电站实际情况进行编制，设备特殊巡视标准化作业指导卡模板见表3-6。

表3-6 设备特殊巡视标准化作业指导卡

设备类型（按站具体细化）	巡视部位	巡视标准
变压器（电抗器）	引线、接头、套管末屏	1. 新投入或者经过大修的变压器巡视。 1）各部件无渗漏油。 2）声音应正常，无不均匀声响或放电声。 3）油位变化应正常，应随温度的增加合理上升，并符合变压器的油温曲线。 4）冷却装置运行良好，每一组冷却器温度应无明显差异。 5）油温变化应正常，变压器（电抗器）带负载后，油温应符合厂家要求。 2. 异常天气时的巡视。 1）气温骤变时，检查储油柜油位和瓷套管油位是否有明显变化，各侧连接引线是否受力，是否存在断股或者接头部位、部件发热现象。各密封部位、部件有无渗漏油现象。 2）浓雾、小雨、雾霾天气时，瓷套管有无沿表面闪络和放电，各接头部位、部件在小雨中不应有水蒸气上升现象。 3）下雪天气时，应根据接头部位积雪溶化迹象检查是否发热。检查导引线积雪累积厚度情况，为了防止套管因积雪过多受力引发套管破裂和渗漏油等，应及时清除导引线上的积雪和形成的冰柱。 4）高温天气时，应特别检查油温、油位、油色和冷却器运行是否正常。必要时，可以启动备用冷却器。 5）大风、雷雨、冰雹天气过后，检查导引线摆动幅度及有无断股迹象，设备上有无飘落积存杂物，瓷套管有无放电痕迹及破裂现象。 6）覆冰天气时，观察外绝缘的覆冰厚度及冰凌桥接程度，覆冰厚度不超10mm，冰凌桥接长度不宜超过干弧距离的1/3，放电不超过第二伞裙，不出现中部伞裙放电现象。 3. 过载时的巡视。 1）定时检查并记录负载电流，检查并记录油温和油位的变化。 2）检查变压器声音是否正常，接头是否发热，冷却装置投入数量是否足够。 3）防爆膜、压力释放阀是否动作。 4. 故障跳闸后的巡视。 1）检查现场一次设备（特别是保护范围内设备）有无着火、爆炸、喷油、放电痕迹、导线断线、短路、小动物爬入等情况。 2）检查保护及自动装置（包括气体继电器和压力释放阀）的动作情况。 3）检查各侧断路器运行状态（位置、压力、油位）

3.4 设备全面巡视标准化规范

3.4.1 业务概述

全面巡视是指在例行巡视项目基础上，对站内设备开启箱门检查，记录设备运行数据，检查设备污秽情况，检查防火、防小动物、防误闭锁等有无漏洞，检查接地引下线是否完好，检查变电站设备厂房等方面的详细巡查。全面巡视和例行巡视可一并进行。需要解除防误闭锁装置才能进行巡视的，巡视周期由各运维单位根据变电站运行环境及设备情况在现场运行专用规程中明确。

3.4.2 业务流程

全面巡视工作流程如图 3-4 所示。

3.4.3 工作记录

全面巡视记录模板见表 3-7。

表 3-7　　设备巡视记录

变电站		电压等级	
巡视日期		变电站类别	
巡视类型	全面巡视	天气	
气温（℃）		巡视班组	
巡视人		是否使用巡检仪巡视	
巡视开始时间		巡视结束时间	
巡视内容			
巡视结果			
备注			

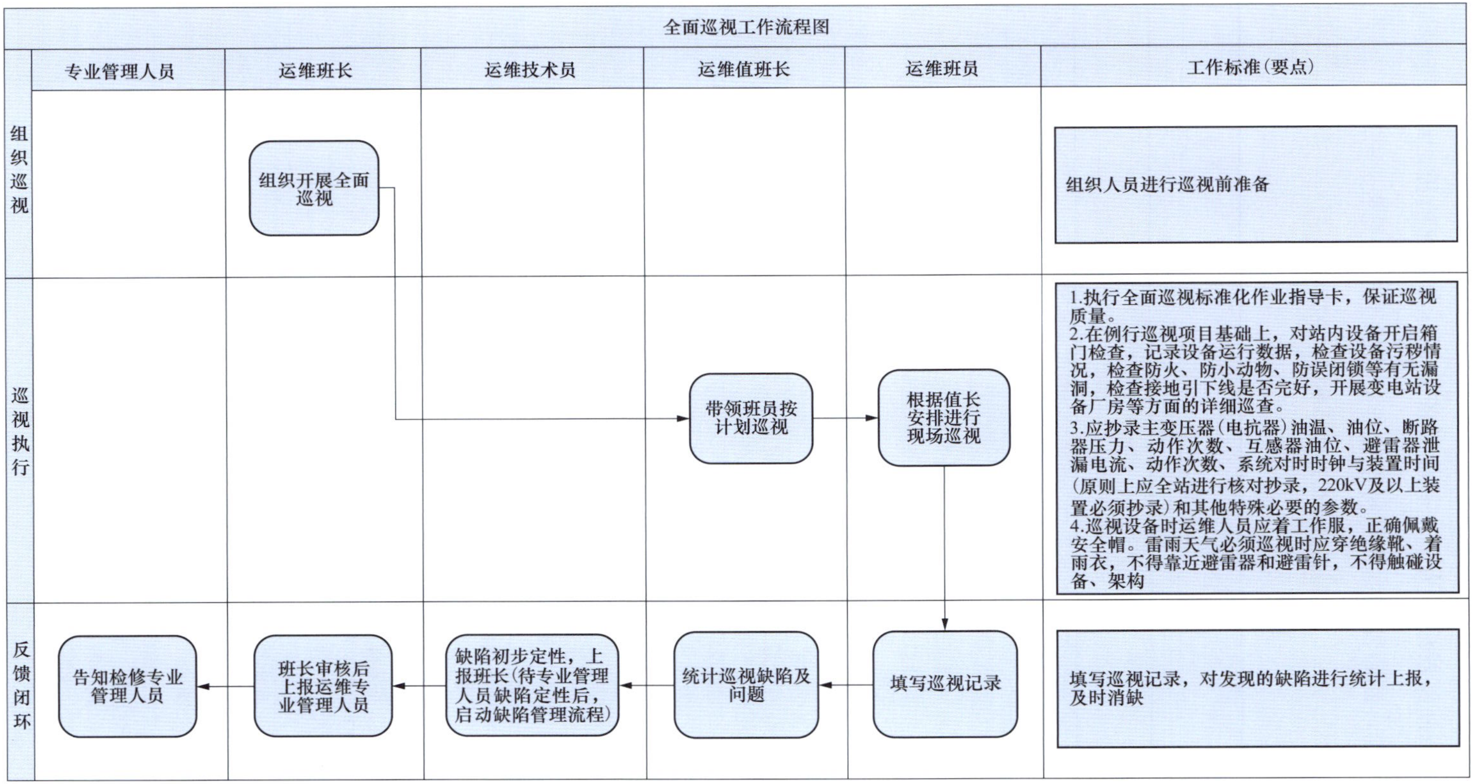

图 3-4 全面巡视工作流程图

3.4.4 设备全面巡视标准化作业指导卡

本书中以断路器设备为例，其他设备类型可参考此模板，结合变电站实际情况进行编制，断路器全面巡视标准化作业指导卡模板见表 3-8。

表 3-8　　断路器全面巡视标准化作业指导卡

1. 作业信息

变电站： 设备双重编号		工作时间	年　月　日　时　分 至 年　月　日　时　分	作业卡 编号	

2. 工序要求

序号	巡视部位	内容及要求	风险辨识与预控措施	执行完打√或记录数据或描述异常					
1	本体	1. 外观清洁、无异物、无异常声响。 2. 断路器套管电流互感器无异常声响、外壳无变形、密封条无脱落。 3. 分、合闸指示正确，与实际位置相符；SF_6密度继电器（压力表）指示正常、外观无破损或渗漏，防雨罩完好。 4. 外绝缘无裂纹、破损及放电现象，增爬伞裙粘接牢固、无变形，防污涂料完好、无脱落、起皮现象。 5. 引线弧垂满足要求，无散股、断股，两端线夹无松动、裂纹、变色现象。 6. 套管防雨帽无异物堵塞，无鸟巢、蜂窝等。 7. 金属法兰无裂痕，防水胶完好，连接螺栓无锈蚀、松动、脱落	工作中与带电部分保持足够的安全距离						
2	操动机构	1. 弹簧储能机构储能正常。 2. SF_6断路器管道阀门开闭状态正确。 3. 断路器动作计数器指示正常。 4. 弹簧操动机构弹簧无锈蚀、裂纹或断裂。 5. 指示灯正常，压板投退、远方/就地切换把手位置正确。 6. 空气开关位置正确，二次元件外观完好，标识、电缆标牌齐全、清晰。 7. 端子排无锈蚀、裂纹、放电痕迹；二次接线无松动、脱落，绝缘无破损、老化现象；备用芯绝缘护套完备；电缆孔洞封堵完好。 8. 照明、加热驱潮装置工作正常。加热驱潮装置线缆的隔热护套完好，附近线缆无过热灼烧现象。加热驱潮装置投退正确。 9. 机构箱透气口滤网无破损，箱内清洁无异物，无凝露、积水现象。 10. 箱门开启灵活，关闭严密，密封条无脱落、老化现象							

续表

序号	巡视部位	内容及要求	风险辨识与预控措施	执行完打√或记录数据或描述异常					
3	其他	1. 名称、编号、铭牌齐全、清晰，相序标识明显。 2. 机构箱、汇控柜箱门平整，无变形、锈蚀，机构箱锁具完好。 3. 基础构架无破损、开裂、下沉，支架无锈蚀、松动或变形，无鸟巢、蜂窝等异物。 4. 接地引下线标志无脱落，接地引下线可见部分连接完整可靠，接地螺栓紧固，无放电痕迹，无锈蚀、变形现象。 5. 原存在的设备缺陷无发展							

3. 签名确认

工作人员确认签名	

4. 执行评价

工作负责人签名：

3.5 设备专业巡视标准化规范

3.5.1 业务概述

专业巡视指为深入掌握设备状态，由运维、检修、设备状态评价（试验）人员联合开展对设备的集中巡查和检测。

一类变电站每月不少于1次；二类变电站每季不少于1次；三类变电站每半年不少于1次；四类变电站每年不少于1次。在迎峰度冬或迎峰度夏前适时开展，特殊保电前或经受异常工况、恶劣天气等自然灾害后适时开展。

一类变电站是指交流特高压站，直流换流站，核电、大型能源基地（300万kW及以上）外送及跨大区（华北、华中、华东、东北、西北）联络750/500/330kV变电站。二类变电站是指除一类变电站外的其他750/500/330kV变电站，电厂外送变电站（100万kW及以上、300万kW以下）及跨省联络220kV变电站，主变压器或母线停运、开关拒动造成四级及以上电网事件的变电站。三类变电站是指除二类以外的220kV变电站，电厂外送变电站（30万kW及以上，100万kW以下），主变压器或母线停运、开关拒动造成五级电网事件的变电站，为一级及以上重要用户直接供电的变电站。四类变电站是指除一、二、三类以外的35kV及以上变电站。

3.5.2 业务流程

专业巡视工作流程如图3-5所示。

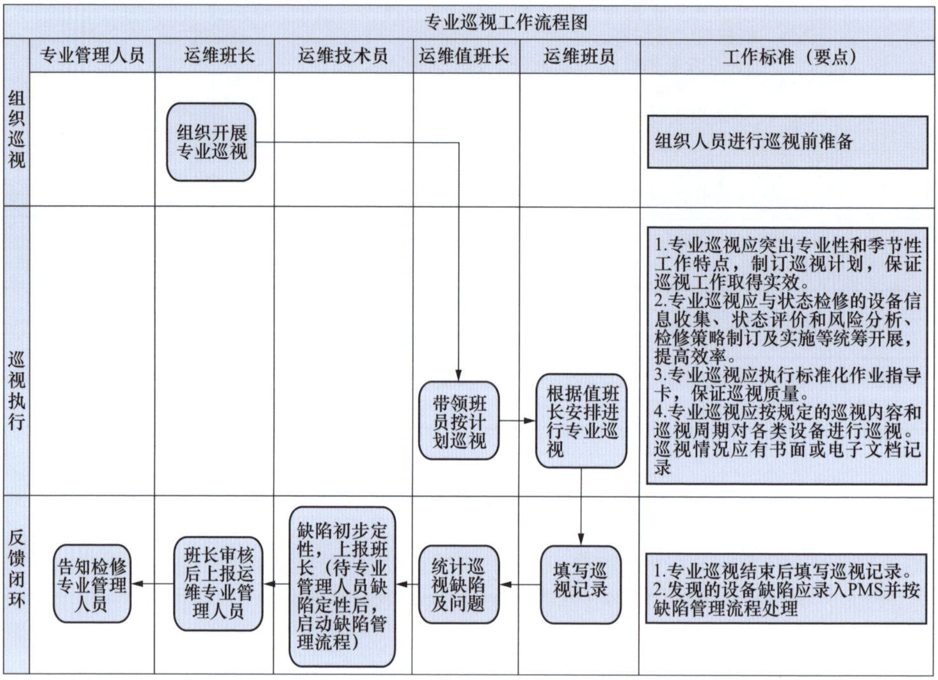

图3-5 专业巡视工作流程图

3.5.3 工作记录

专业巡视记录模板见表3-9。

表3-9 专业巡视记录

××××变电站专业巡视记录	
单位名称	
巡视人员	
巡视日期	
巡视设备	
巡视装备	
发现的问题	
问题处理情况或处理建议	
备注	

3.5.4 设备专业巡视标准化作业指导卡

本书以变压器设备为例，其他设备类型可参考此模板，结合变电站实际情况进行编制，设备专业巡视标准化作业指导卡模板见表3-10。

表3-10 设备专业巡视标准化作业指导卡

设备类型	具体部位	巡视要点
油浸式电力变压器	本体及储油柜	1. 顶层温度计、绕组温度计外观应完整，表盘密封良好，无进水、凝露，温度指示正常，并应与远方温度显示比较，相差不超过5℃。 2. 油位计外观完整，密封良好，无进水、凝露，指示应符合油温油位标准曲线的要求。 3. 法兰、阀门、冷却装置、油箱、油管路等密封连接处应密封良好，无渗漏痕迹，油箱、升高座等焊接部位质量良好，无渗漏油。 4. 无异常振动声响。 5. 铁心、夹件外引接地应良好。 6. 油箱及外部螺栓等部位无异常发热
	冷却装置	1. 散热器外观完好、无锈蚀、无渗漏油。 2. 阀门开启方向正确，油泵、油路等无渗漏，无掉漆及锈蚀。 3. 运行中的风扇和油泵、水泵运转平稳，转向正确，无异常声音和振动，油泵油流指示器密封良好，指示正确，无抖动现象。 4. 水冷却器压差继电器、压力表、温度表、流量表的指示正常，指针无抖动现象。 5. 冷却器无堵塞及气流不畅等情况。 6. 冷却塔外观完好，运行参数正常，各部件无锈蚀，管道无渗漏，阀门开启正确，电机运转正常
	套管	1. 瓷套完好，无脏污、破损，无放电。 2. 防污闪涂料、复合绝缘套管伞裙、辅助伞裙无龟裂老化脱落。 3. 套管油位应清晰可见，观察窗玻璃清晰，油位指示在合格范围内。 4. 各密封处应无渗漏。 5. 套管及接头部位无异常发热。 6. 电容型套管末屏应接地可靠，密封良好，无渗漏油
	吸湿器	1. 外观无破损，干燥剂变色部分不超过2/3，不应自上而下变色。 2. 油杯的油位在油位线范围内，油质透明无浑浊，呼吸正常。 3. 免维护吸湿器应检查电源，检查排水孔畅通、加热器工作正常
	无励磁分接开关	1. 密封良好，无渗漏油。 2. 挡位指示器清晰、指示正确。 3. 机械操作装置应无锈蚀。 4. 定位螺栓位置应正确
	有载分接开关	1. 机构箱密封良好，无进水、凝露，控制元件及端子无烧蚀发热。 2. 挡位指示正确，指针在规定区域内，与远方挡位一致。 3. 指示灯显示正常，加热器投切及运行正常。 4. 开关密封部分、管道及其法兰无渗漏油。 5. 储油柜油位指示在合格范围内。 6. 户外变压器的油流控制（气体）继电器应密封良好，无集聚气体，户外变压器的防雨罩无脱落、偏斜。 7. 有载开关在线滤油装置无渗漏，压力表指示在标准压力以下，无异常噪声和振动；控制元件及端子无烧蚀发热，指示灯显示正常。 8. 冬季寒冷地区（温度持续保持零下）机构控制箱与分接开关连接处齿轮箱内应使用防冻润滑油并定期更换

续表

设备类型	具体部位	巡视要点
油浸式电力变压器	气体继电器	1. 密封良好、无渗漏。 2. 防雨罩完好（适用于户外变压器）。 3. 集气盒无渗漏。 4. 视窗内应无气体（有载分接开关气体继电器除外）。 5. 接线盒电缆引出孔应封堵严密，出口电缆应设防水弯，电缆外护套最低点应设排水孔
	压力释放装置	1. 外观完好、无渗漏，无喷油现象。 2. 导向装置固定良好，方向正确，导向喷口方向正确
	突发压力继电器	外观完好、无渗漏
	断流阀	1. 密封良好、无渗漏。 2. 控制手柄在运行位置
	冷却装置控制箱和端子箱	1. 柜体接地应良好，密封、封堵良好，无进水、凝露。 2. 控制元件及端子无烧蚀过热。 3. 指示灯显示正常，投切温湿度控制器及加热器工作正常。 4. 电源具备自动投切功能，风机能正常切换

3.6 智能巡检机器人标准化规范

3.6.1 业务概述

智能巡检机器人是由机器人核心控制器、激光传感器、云台、高清摄像头、红外热像仪、独立驱动轮等核心设备和其他辅助设备组成，用于开展变电站巡视检查。

在《变电站现场运行专用规程》中，应有关于智能巡检机器人运行管理、使用方面的相关内容，并建立台账和运行记录。运维人员应按照智能巡检机器人生产厂家提供的技术数据、规范、操作要求，熟练掌握智能巡检机器人及其巡检系统的使用，及时处理巡检系统异常，保证机器人巡检系统安全、可靠运行。智能巡检机器人巡视结果异常时，应立即安排人员进行现场核实。

3.6.2 业务流程

智能巡检机器人工作流程如图 3－6 所示。

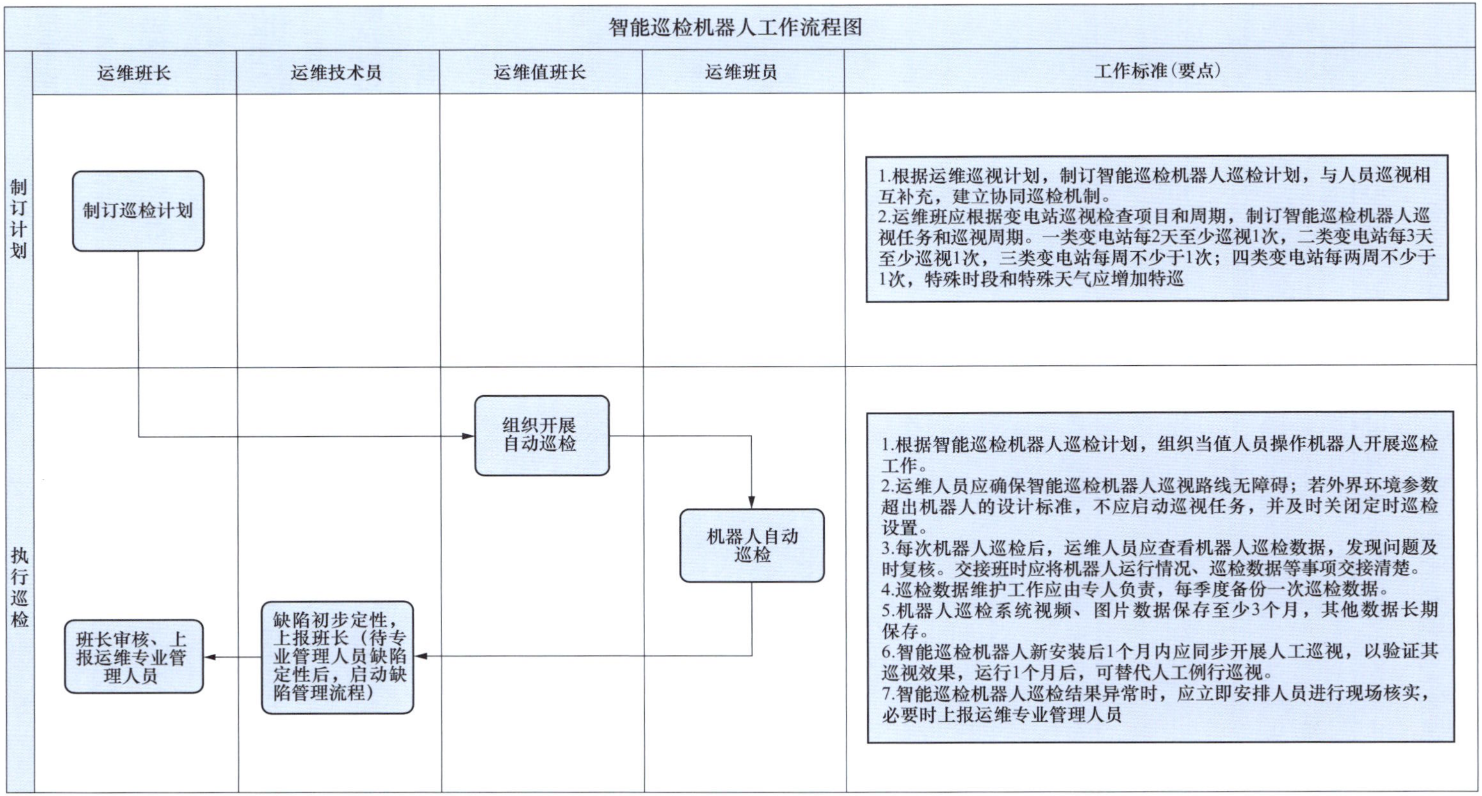

图 3－6　智能巡检机器人工作流程图

3.6.3 工作记录

智能巡检机器人台账及告警值设定、修改记录模板见表 3－11。

表 3－11　　××班智能巡检机器人台账及告警值设定、修改记录

<table>
<tr><th rowspan="2">序号</th><th rowspan="2">设备编号</th><th rowspan="2">使用地点</th><th rowspan="2">厂家</th><th rowspan="2">型号</th><th rowspan="2">编号</th><th rowspan="2">投运日期</th><th rowspan="2">初始值定</th><th colspan="3">告警值设定、修改情况</th></tr>
<tr><th>第一次修改定值录</th><th>第二次修改定值录</th><th>第三次修改定值录</th></tr>
<tr><td></td><td></td><td></td><td></td><td></td><td></td><td></td><td></td><td></td><td></td><td></td></tr>
<tr><td></td><td></td><td></td><td></td><td></td><td></td><td></td><td></td><td></td><td></td><td></td></tr>
<tr><td></td><td></td><td></td><td></td><td></td><td></td><td></td><td></td><td></td><td></td><td></td></tr>
</table>

注　若智能巡检机器人初始定值较多，可附页说明。

3.7 保供电标准化规范

3.7.1 业务概述

保供电是指为了确保特殊时期和电网风险期间电力安全可靠供应，有针对性开展的电网设备运维保障工作。

特殊时期保供电是指具有重大影响和特定规模的政治、经济、科技、文化、体育等活动或重要节日期间的保供电。特殊时期保供电分为三类：

特别重大保供电：公司所辖电网设备属地举办世界、国家级特别重大政治、经济、科技、文化、体育等活动；其他上级部门要求的保供电任务。

重大保供电：公司所辖电网设备属地举办省（自治区）级重要政治、经济、文化、体育等活动；全国性主要节假日（元旦、春节、元宵节、清明节、劳动节、中秋节、国庆节）；其他上级部门要求的保供电任务（高考、汛期、迎峰度夏/冬期间等）。

一般保供电：市、县两级重要政治、经济、科技、文化、体育等活动。

电网风险期间保供电是指电网设备检修或故障导致的电网运行可靠性降低等非正常运行方式下可能造成电网事件期间的保供电。电网风险等级对应于《国家电网安全事故调查规程》（国家电网安监〔2011〕2024 号）中定义的 1～8 级电网事件。

特殊时期重大及以上保供电应由上级管理部门编制并下发供电保障工作方案，一般保供电由上级管理部门根据实际情况编制并下发供电保障工作方案或通知。供电保障工作方案或通知中关于值守、巡视、测温及信息报送的要求应执行保供电期

间变电站防护指导卡。一般情况下，重要会议、重要活动开幕前两天的8时至闭幕后的18时为保电时段，其中重要会议、重要活动前2h至结束后1h为特级保电时段；除特级保电时段外，每天8时至21时为一级保电时段，其他时段为二级保电时段。具体保电时段的划分，应以政府或客户提供的活动安排为准。

保供电设备按重要性分为一级保供电设备、二级保供电设备、三级保供电设备。保供电设备的重要等级应在供电保障工作方案中明确。

电网风险期间保供电应由上级管理部门编制并下发电网风险管控措施单，措施单应执行《国家电网公司关于印发防止变电站全停十六项措施（试行）的通知》（国家电网运检〔2015〕376号）要求，风险期间无人值班变电站应视工作需要临时恢复驻站运维，由运维人员对保供电设备每天进行3次特巡及红外测温。

3.7.2　业务流程

保供电工作流程如图3-7所示。

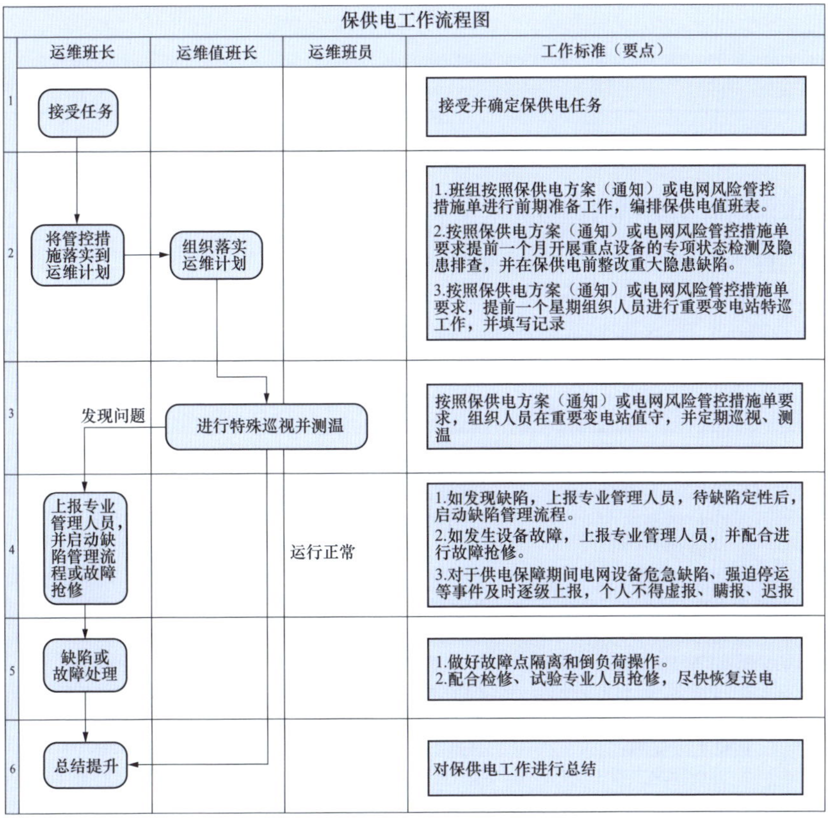

图3-7　保供电工作流程图

3.7.3 工作记录

全面巡视记录模板见表 3－12。

表 3－12 全面巡视记录

变电站		电压等级	
巡视日期		变电站类别	
巡视类型	全面巡视	天气	
气温（℃）		巡视班组	
巡视人		是否使用巡检仪巡视	
巡视开始时间		巡视结束时间	
巡视内容			
巡视结果			
备注			

3.7.4 保供电期间变电站防护指导卡

保供电期间变电站防护指导卡见表 3－13。

表 3－13 保供电期间变电站防护指导卡

保电时段 / 保电设备	特级保电时段防护标准	一级保电时段防护标准	二级保电时段防护标准
一级保电设备	运行标准： 1. 24h 有人值守 2. 无检修安排 3. 零缺陷管理 4. 变电站内设备 100% 可用系数 巡视标准： 1. 巡视 4h 一次 2. 专业巡检（以红外检测为主）4h 一次 信息上报标准： 1. 运行情况上报 1 次/天 2. 异常情况立即上报 3. 缺陷情况立即上报	运行标准： 1. 24h 有人值守 2. 无检修安排 3. 零缺陷管理 4. 变电站内设备 100% 可用系数 巡视标准： 1. 巡视 6h 一次 2. 专业巡检（以红外检测为主）6h 一次 信息上报标准： 1. 运行情况上报 1 次/天 2. 异常情况立即上报 3. 缺陷情况立即上报	运行标准： 1. 24h 有人值守 2. 无检修安排 3. 零缺陷管理 4. 变电站主设备 100% 可用系数 巡视标准： 1. 巡视 8h 一次 2. 专业巡检（以红外检测为主）8h 一次 信息上报标准： 1. 运行情况上报 1 次/天 2. 异常情况立即上报 3. 缺陷情况立即上报

续表

保电时段 保电设备	特级保电时段防护标准	一级保电时段防护标准	二级保电时段防护标准
二级保电设备	运行标准： 1. 24h有人值守 2. 无检修安排 3. 零缺陷管理 4. 变电站内设备100%可用系数 巡视标准： 1. 巡视6h一次 2. 专业巡检（以红外检测为主）6h一次 信息上报标准： 1. 运行情况上报1次/天 2. 异常情况立即上报 3. 缺陷情况立即上报	运行标准： 1. 24h有人值守 2. 无检修安排 3. 零缺陷管理 4. 变电站内设备100%可用系数 巡视标准： 1. 巡视8h一次 2. 专业巡检（以红外检测为主）8h一次 信息上报标准： 1. 运行情况上报1次/天 2. 异常情况立即上报 3. 缺陷情况立即上报	运行标准： 1. 24h有人值守 2. 无检修安排 3. 零缺陷管理 4. 变电站主设备100%可用系数 巡视标准： 1. 巡视12h一次 2. 专业巡检（以红外检测为主）12h一次 信息上报标准： 1. 运行情况上报1次/天 2. 异常情况立即上报 3. 缺陷情况立即上报
三级保电设备	运行标准： 1. 无检修安排 2. 零缺陷管理 3. 变电站内设备100%可用系数 巡视标准： 1. 开展常规特巡、专业巡视 2. 恶劣天气后进行特巡 信息上报标准： 1. 运行情况上报1次/天 2. 异常情况立即上报 3. 缺陷情况立即上报	运行标准： 1. 无检修安排 2. 零缺陷管理 3. 变电站内设备100%可用系数 巡视标准： 1. 开展常规特巡、专业巡视 2. 恶劣天气后进行特巡 信息上报标准： 1. 运行情况上报1次/天 2. 异常情况立即上报 3. 缺陷情况立即上报	运行标准： 1. 无检修安排 2. 零缺陷管理 3. 变电站主设备100%可用系数 巡视标准： 1. 开展常规特巡、专业巡视 2. 恶劣天气后进行特巡 信息上报标准： 1. 运行情况上报1次/天 2. 异常情况立即上报 3. 缺陷情况立即上报

4　运行操作标准化规范

4.1　倒闸操作标准化规范

4.1.1　业务概述

倒闸操作是指将设备由一种状态转变为另一种状态的过程。

电气设备的倒闸操作应严格遵守安规、调规、现场运行规程和本单位的补充规定等要求进行。

倒闸操作应有值班调控人员或运维负责人正式发布的指令，并使用经事先审核合格的操作票，按操作票填写顺序逐项操作。

操作票应根据调控指令和现场运行方式，参考典型操作票拟定。典型操作票应履行审批手续并及时修订。

倒闸操作过程中应严防发生误操作。

4.1.2　业务流程

倒闸操作工作流程如图 4-1 所示。

4.1.3　工作记录

变电站（发电厂）倒闸操作票模板见表 4-1。

表 4-1　　变电站（发电厂）倒闸操作票

单位：×××变电站　　　　编号：××××××××

<table>
<tr><td>发令人：</td><td>受令人：</td><td>发令时间：××××年××月××日××时××分</td></tr>
<tr><td colspan="2">操作开始时间：××××年××月××日××时××分</td><td>操作结束时间：××××年××月××日××时××分</td></tr>
<tr><td colspan="3">（　　）监护下操作　　（　　）单人操作　　（　　）检修人员操作</td></tr>
<tr><td colspan="3">操作任务：</td></tr>
</table>

续表

顺序	操 作 项 目	√
1		
2		
⋮		
	已执行	
备注：		
操作人：	监护人：	值班负责人（班长）：

4.2 防误闭锁装置管理标准化规范

4.2.1 业务概述

防误闭锁装置管理是指对防止工作人员发生电气误操作装置的管理工作。防误闭锁装置应简单完善、安全可靠，操作和维护方便，能够实现“五防”功能。

变电站现场运行专用规程应明确防误闭锁装置的日常运维方法和使用规定，建立台账并及时检查。高压电气设备都应安装完善的防误闭锁装置，装置应保持良好状态；发现装置存在缺陷应立即处理。防误装置解锁工具应封存管理并固定存放，任何人不准随意解除闭锁装置。

4.2.2 业务流程

（1）防误解锁工作流程如图 4-2 所示。

（2）防误装置管理工作流程如图 4-3 所示。

4.2.3 工作记录

（1）解锁钥匙使用记录模板见表 4-2。

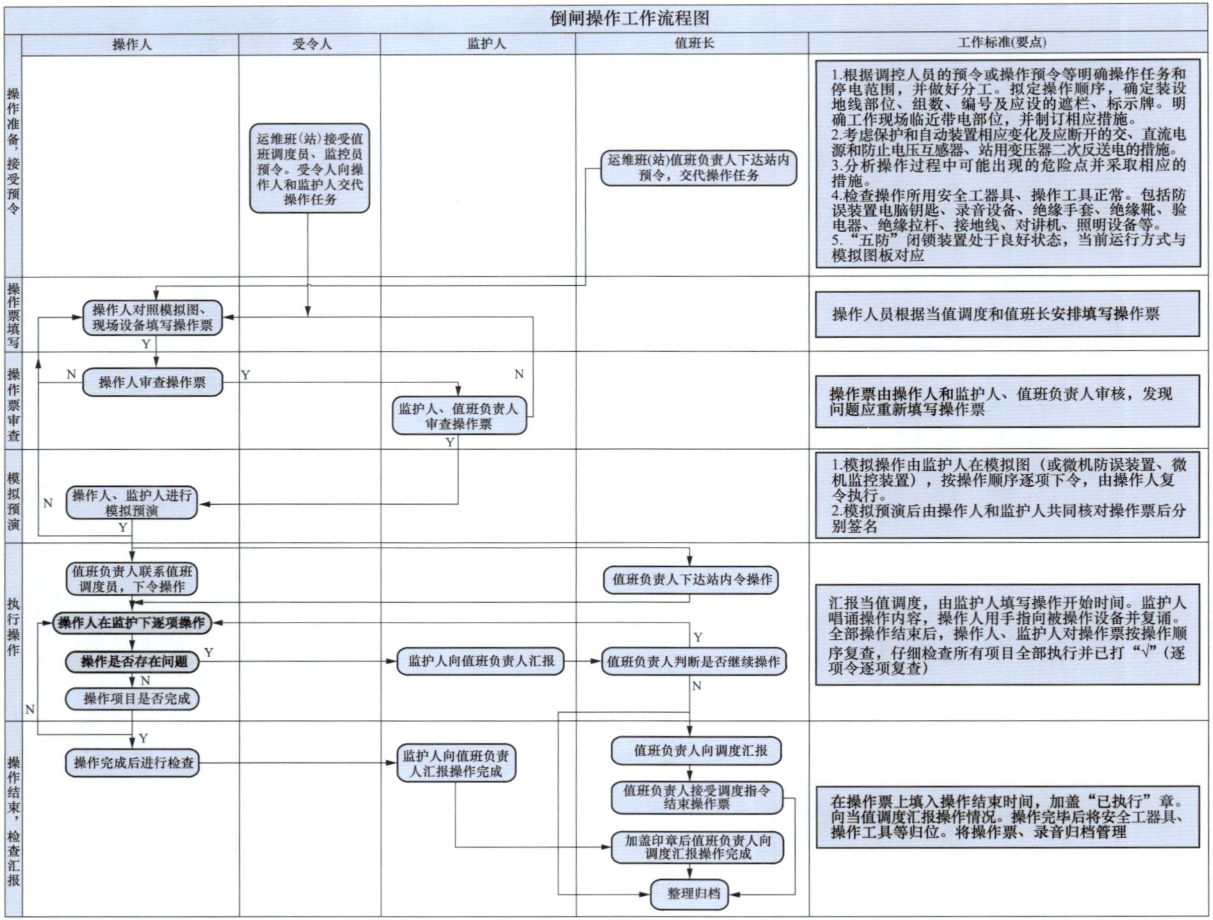

图 4-1　倒闸操作工作流程图

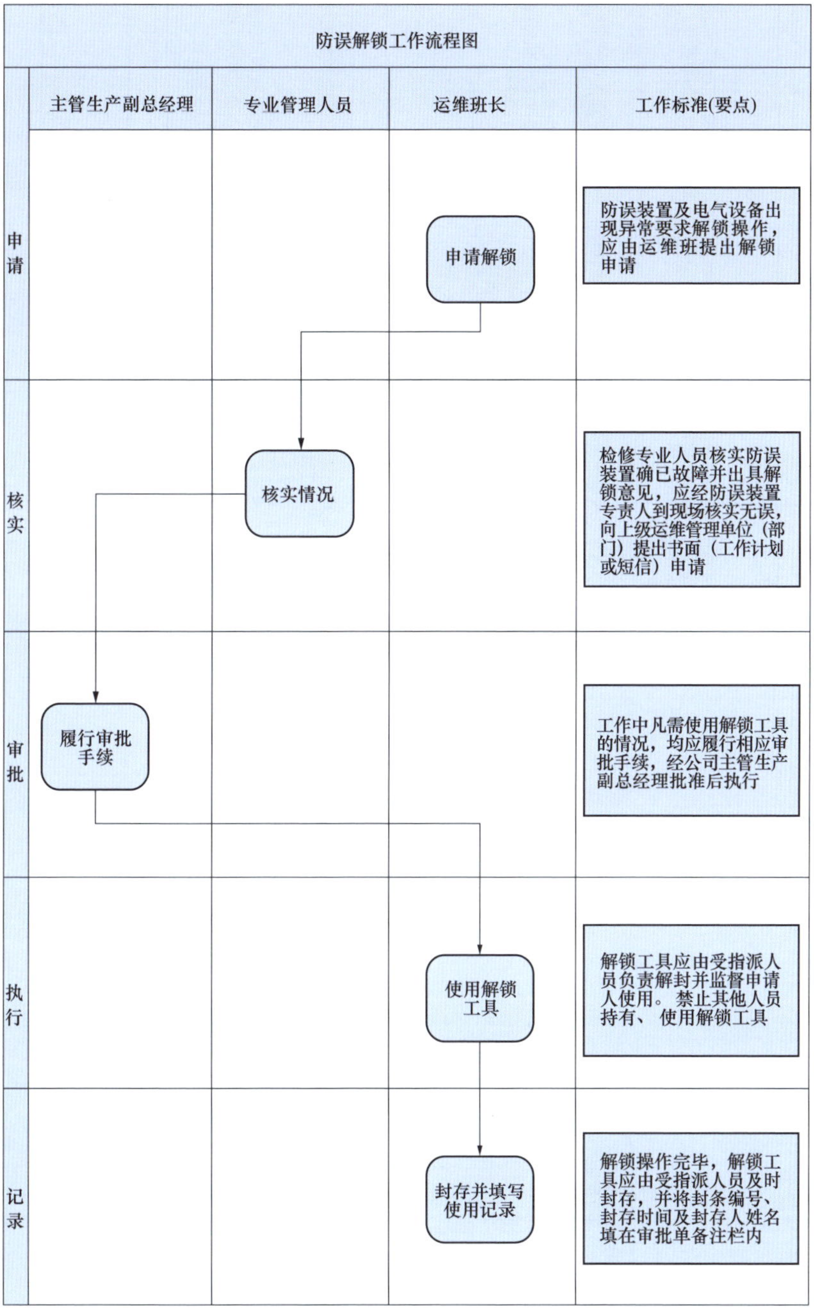

图 4－2　防误解锁工作流程图

防误装置管理工作流程图

	运维班长	运维技术员	运维值班长	运维班员	工作标准(要点)
1	监督检查班组人员严格执行防误装置管理制度				1.防误闭锁装置应简单完善、安全可靠，操作和维护方便，能够实现“五防”功能。 2.新、扩建变电工程或主设备经技术改造后，防误闭锁装置应与主设备同时投运。 3.变电站现场运行专用规程应明确防误闭锁装置的日常运维方法和使用规定，建立台账并及时检查。 4.高压电气设备都应安装完善的防误闭锁装置，装置应保持良好状态；发现装置存在缺陷应立即处理。 5.高压电气设备的防误闭锁装置因为缺陷不能及时消除，防误功能暂时不能恢复时，可以通过加挂机械锁作为临时措施；此时机械锁的钥匙也应纳入防误解锁管理，禁止随意取用。 6.防误装置解锁工具应封存管理并固定存放，任何人不准随意解除闭锁装置。 7.若遇危及人身、电网、设备安全等紧急情况需要解锁操作，可由变电运维班当值负责人下令紧急使用解锁工具，解锁工具使用后应及时填写解锁钥匙使用记录。 8.停用防误闭锁装置应经分管生产的副总经理批准。 9.应设专人负责防误装置的运维检修管理，防误装置管理应纳入现场运行规程
2			日常工作中落实防误装置管理要求		1.现场操作通过电脑钥匙实现，操作完毕后应将电脑钥匙中当前状态信息返回给防误装置主机进行状态更新，以确保防误装置主机与现场设备状态对应。 2.防误装置日常运行时应保持良好的状态。 3.防误闭锁装置应有符合现场实际并经运维单位审批的“五防”规则。 4.每年应定期对变电运维人员进行培训工作，使其熟练掌握防误装置，做到“四懂三会”（懂防误装置的原理、性能、结构和操作程序，会熟练操作、会处缺和会维护）。 5.每年春季、秋季检修预试前，对防误装置进行普查，保证防误装置正常运行
3			日常工作中落实接地线管理要求		1.接地线的使用和管理严格按安规执行。 2.接地线的装设点应事先明确设定，并实现强制性闭锁。 3.在变电站内工作时，不得将外来接地线带入站内

图 4-3　防误装置管理工作流程图

表 4-2 解锁钥匙使用记录

变电站名称：×××变电站 页次：

序号	解锁类型	使用时间	操作（工作、事故处理）内容	解锁工具（钥匙）名称	解锁（√）	解锁对象	解锁对象恢复		解锁原因	申请人员	现场确认人员	批准人员	解锁工具恢复	
							恢复（√）	恢复人					时间	恢复人

（2）变电站防误闭锁装置台账模板见表 4-3。

表 4-3 ××变电站防误闭锁装置台账

序号	名称	型号	数量	单位	厂家	投运日期	备注

（3）变电站防误闭锁装置检查记录模板见表 4-4。

表 4-4 ××变电站防误闭锁装置检查记录

序号	名称	型号	数量	检查日期	检查项目	存在问题	检查人员	备注

5　现场作业管理标准化规范

5.1　工作票管理标准化规范

5.1.1　业务概述

工作票管理包括工作票的接收、审批、执行、检查考核及日常管理等工作。

工作票应遵循《国家电网公司电力安全工作规程（变电部分）》中的有关规定，填写应符合规范。

运维班每天应检查当日全部已执行的工作票。每月初汇总分析工作票的执行情况，做好统计分析记录，并报上级管理部门。

工作票应按月装订并及时进行三级审核，保存期为1年。

运维专职安全管理人员每月至少应对已执行工作票的不少于30%进行抽查。对不合格的工作票，提出改进意见，并签名。

变电工作票、事故应急抢修单，一份由运维班保存，另一份由工作负责人交回签发单位保存。

二次工作安全措施票由二次班组自行保存。

5.1.2　业务流程

工作票管理工作流程如图5-1所示。

5.1.3　工作记录

变电站工作票考评封皮模板见表5-1。

表5-1　　**变电站工作票考评封皮**

年　　月

工作票名称：	
班组：	执行月份：　　年　　月

续表

份数：　　份	合格：　　份	不合格：　　份
合格率：　　%	当年累计合格率：　　%	作废票数：　　份
检查人：（需要手签）	检查日期：　　年　　月　　日	
本单位领导或管理人员检查意见： （需要手签） 签字：　　年　　月　　日（需要手签）		
备注：		

5.2 设备维护标准化规范

5.2.1 业务概述

设备维护是指对站内设备及设施的日常维护工作。各类维护项目及周期见附录 A。

5.2.2 业务流程

设备维护工作流程如图 5－2 所示。

5.2.3 工作记录

（1）避雷器动作及泄漏电流记录模板见表 5－2。

表 5－2　　避雷器动作及泄漏电流记录

变电站			检查时间			检查人			检查情况					
序号	变电站单元	设备名称	电压等级	泄漏电流（mA）	泄漏电流最大值（mA）	上次泄漏电流值（mA）	上次指示值	指示值	动作次数	上次动作次数	累计动作次数	动作情况	事件类型	表盘最大值

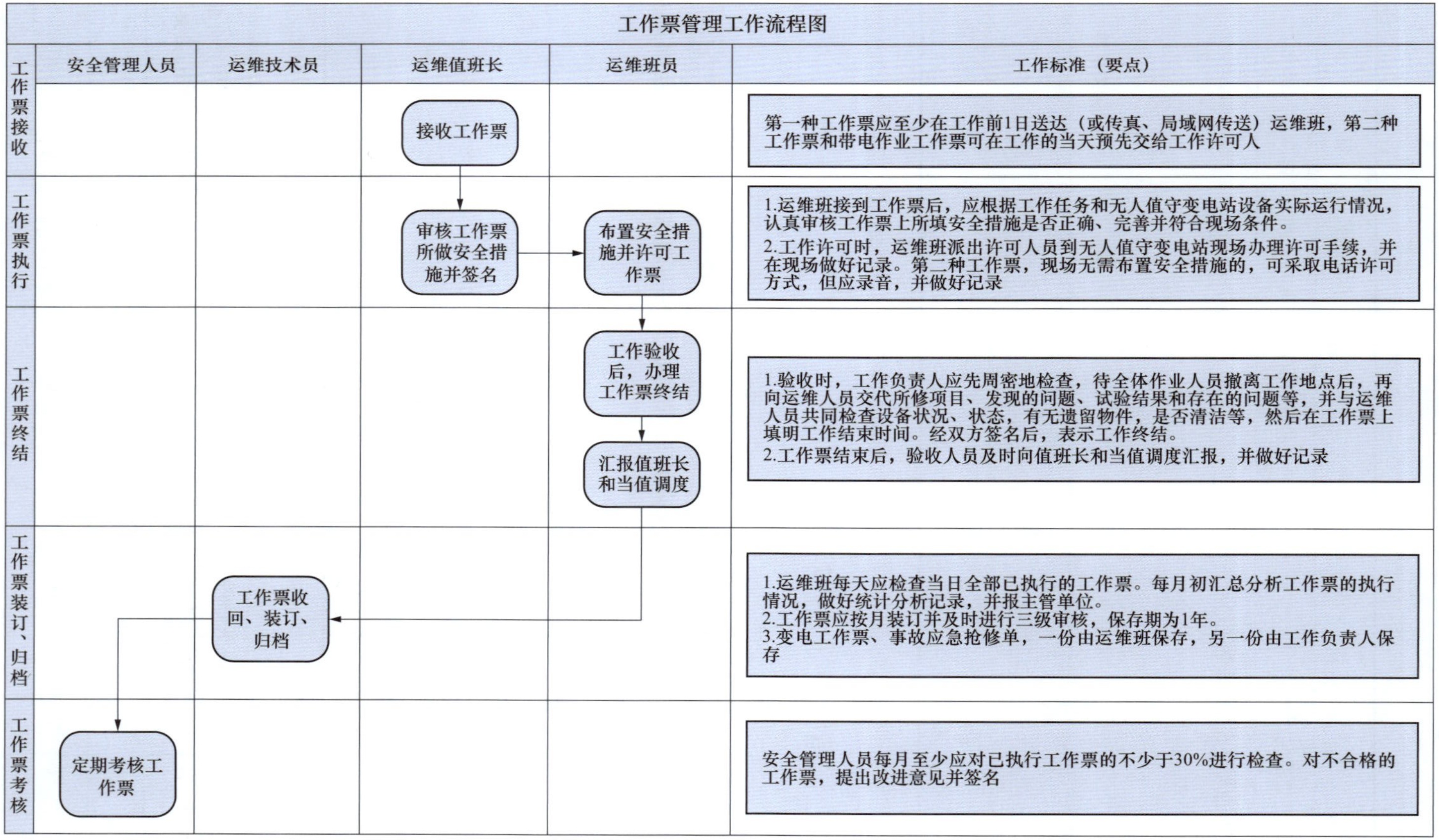

图 5－1　工作票管理工作流程图

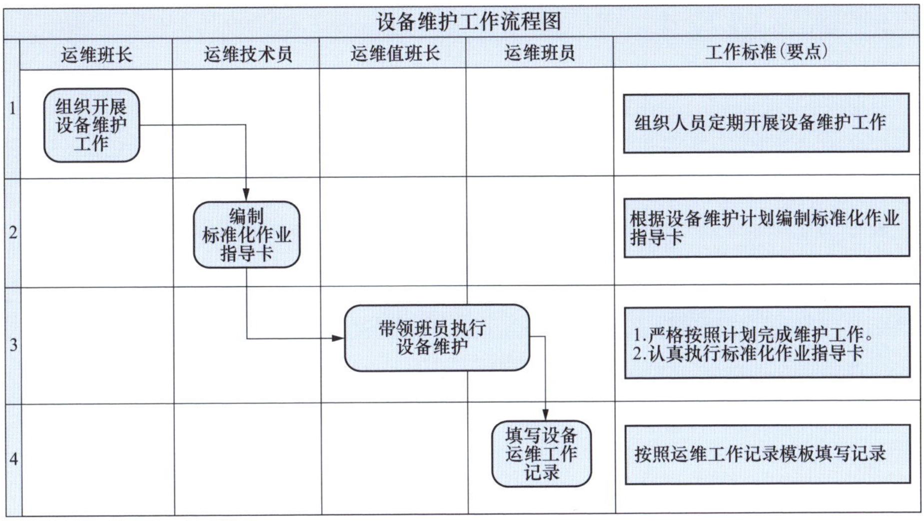

图 5－2　设备维护工作流程图

（2）变电站蓄电池检测记录模板见表 5－3。

表 5－3　　×××变电站蓄电池检测记录

运行编号				全电池数（只）				型号			
检查日期				环境温度（℃）				实测电池浮充电压（V）			
直流系统监测电池浮充电压（V）				负荷电流（A）				浮充电流（A）			
正母线对地电压值（V）				负母线对地电压值（V）				测试分类			
实测单体蓄电池端电压（V）											
序号	电压	序号	电压	序号	电压	序号	电压	序号	电压	序号	电压
测试负责人							测试成员				
分析结论											

（3）安全工器具检查记录模板见表 5－4。

（4）安全工器具台账记录模板见表 5－5。

（5）安全工器具试验计划表模板见表 5－6。

表 5－4 安全工器具检查记录

序号	名称	1月	2月	3月	4月	5月	6月	7月	8月	9月	10月	11月	12月
签名		×××	×××	×××	×××	×××	×××	×××	×××	×××	×××	×××	×××

注 检查人在每月对应位置填写检查情况，如无问题打“√”。

表 5－5 安全工器具台账记录

________班（站）

序号	名称	规格型号	编号	试验周期	生产厂家	出厂日期	备注

表 5－6 安全工器具试验计划表

单位： 变电站名称：×××变电站

序号	工器具名称	编号	规格型号	出厂日期	上次试验日期	试验周期	下次试验日期

（6）消防设施检查表模板见表 5－7。

表 5－7 消防设施检查表

变电站：×××变电站

序号	设施名称/位置	检查日期									
		×月×日	×月×日	×月×日	×月×日	×月×日	×月×日	×月×日	×月×日	×月×日	×月×日
	检查人										

检查项目：消防罐应可靠，控制系统运行、显示正常。
说明：检查无问题的在检查情况栏内画“√”，发现问题应将处理结果详细填入检查情况栏内。

（7）消防设施、器材台账模板见表 5－8。

表 5－8 ××班（站）消防设施、器材台账

序号	名称	规格型号	数量	单位	目前状态	使用位置	责任人	备注

（8）防误闭锁装置检查记录模板见表 5－9。

表 5-9　　　　××班（站）防误闭锁装置检查记录

序号	名称	型号	数量	检查日期	检查项目	存在问题	检查人员	备注

（9）防汛物资台账检查记录模板见表 5-10。

表 5-10　　　　××班（站）防汛物资台账记录

序号	物品名称	存放数量	存放位置	负责人	备注

（10）保护压板巡视检查记录模板见表 5-11。

表 5-11　　　　××变电站保护压板巡视检查记录

巡视检查人：　　　　　　　　　　　　　　　　日期：　　年　　日　　时

××保护屏				
序号	压板名称及编号	正常状态	压板位置	
			投入	退出
备注				

注　执行时在压板位置栏填“√”。

5.2.4　维护工作标准化作业卡

本书以安全工器具检查与维护工作标准化作业卡为例，其他工作项目可参考此模板，结合变电站实际情况进行编制，模板见表 5-12。

表 5-12　　　　安全工器具检查与维护工作标准化作业卡

1. 作业信息

设备双重名称（安全工器具）		工作时间	××××年××月××日××时××分至××××年××月××日××时××分	作业卡编号	

2. 工序要求

序号	关键工序	质量标准及要求	风险辨识与预控措施	检查情况
1	安全工器具检查与维护工作准备工作			
1.1	安全帽	合格	防止误碰	
1.2	工作人员就位	×××	检查人员应分工明确，任务落实到人	
2	安全工器具检查与维护工作			
2.1	安全工器具检查与维护工作	1. 填写安全工器具检查记录卡。 2. 安全工器具外观应完好，无破损现象。 3. 核对试验周期，检查试验日期及下次试验日期，核对是否超期。 4. 安全工器具应定置摆放。 5. 存放地点的环境温度和湿度是否满足要求	工作中认真仔细，检查过程中防止柜门碰伤头部，加强监护	

3. 签名确认

工作人员签名

4. 执行评价

工作负责人签名：

5.3 轮换试验标准化规范

5.3.1 业务概述

设备轮换试验是指对站内设备及设施定期进行轮换运行及检查性试验，检验设备是否处于完好状态的工作。

5.3.2 业务流程

轮换试验工作流程如图 5-3 所示。

5.3.3 工作记录

设备定期试验轮换记录模板见表 5-13。

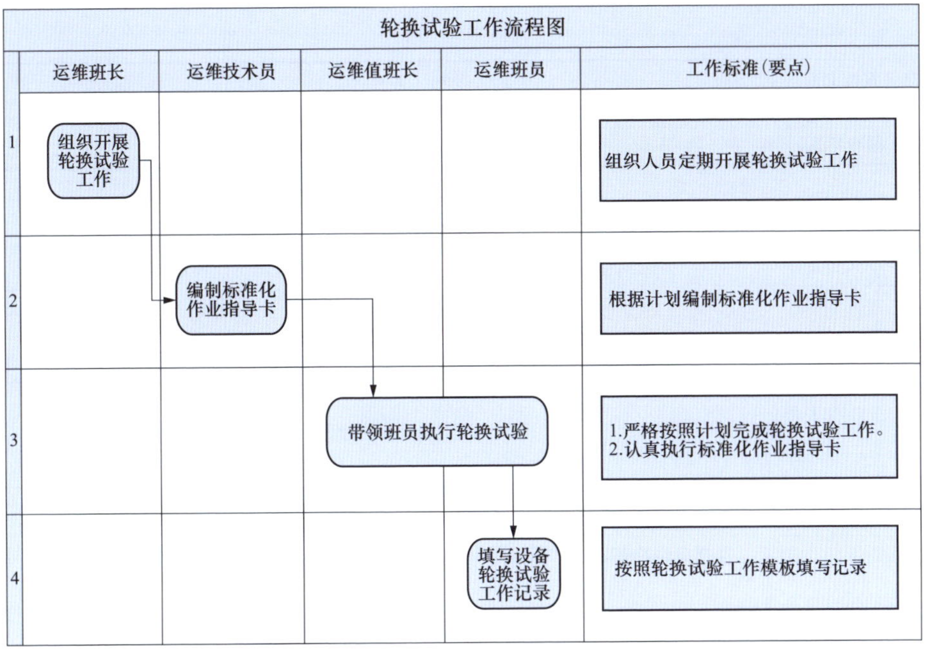

图 5－3 轮换试验工作流程图

表 5－13 **设备定期试验轮换记录**

记录名称：	变电站：
工作地点：	执行人：
试验/轮换开始运行时间：	试验/轮换停止运行时间：
试验轮换内容情况：	
结论：	
备注：	

5.3.4 轮换试验标准化作业卡

本书以强油风冷冷却器切换试验标准化作业卡为例，其他工作项目可参考此模板，结合变电站实际情况进行编制，模板见表 5－14。

表 5-14　　强油风冷冷却器切换试验标准化作业卡

1. 作业信息

设备双重名称（1号、2号主变压器冷却器）	××变电站	工作时间	××××年××月××日××时××分至××××年××月××日××时××分	作业卡编号	

2. 工序要求

序号	关键工序	质量标准及要求	风险辨识与预控措施	检查情况
1	主变压器冷却器切换准备工作			
1.1	冷却器	检查无异常	工作正常	
1.2	工作人员就位	×××	切换人员应分工明确，任务落实到人，安全措施到位	
2	主变压器冷却器切换试验工作			
2.1	主变压器冷却器切换试验	选择单组冷却器在“S备用”“O停止”“W工作”“A辅助”四个不同的状态。冷却器控制系统在“工作”控制方式时，可选择三组冷却器运行，其中一组冷却器处于“工作”状态，一组处于辅助状态，一组处于备用状态。当变压器油温上升至70℃时，自动启动辅助冷却器运行，如果油温下降至60℃时，自动停止辅助冷却器运行。另外，当一组冷却器在运行中因过载或断相故障使热耦继电器动作退出运行时，备用冷却器自动投入运行。如果复归热耦继电器，则备用冷却器也自动停运；当工作冷却器或辅助冷却器出现故障，备用冷却器也将自动投入。每组冷却器启动时对应的油泵油流继电器会同时变位。当同时将三组冷却器的控制开关（SA1～SA3）切至“工作”方式，可强制三组冷却器同时运行	勿触勿碰其他设备，与带电设备保持足够的安全距离，防止触电，工作过程中加强监护	

3. 签名确认

工作人员签名

4. 执行评价

工作负责人签名：

5.4 带电检测标准化规范

5.4.1 业务概述

带电检测是指在运行状态下对设备状态量进行的现场检测。

运维班负责的带电检测项目包括一、二次设备红外热成像检测、暂态地电压局部放电检测、变压器铁心与夹件接地电流测试、接地引下线导通检测、蓄电池内阻测试和蓄电池核对性充放电。

5.4.2 业务流程

带电检测工作流程如图 5－4 所示。

5.4.3 工作记录

（1）设备测温记录模板见表 5－15。

表 5－15　　设备测温记录

变电站		测温时间	
是否是全站（区域）测温			
测温类型		环境温度（℃）	
湿度		设备名称	
间隔单元		风速（m/s）	
测温人		测温仪器（型号、编号）	
测温范围：			
测温位置：			
发现问题：			
发热部位：			
备注			
注： 本记录在全站设备普测时可只使用一张，不需填写设备测温位置及 A、B、C 相温度、额定电流及负荷电流栏；当设备精确测温或测温异常时需要填全各信息			

（2）变电站红外热像检测报告模板见表 5－16。

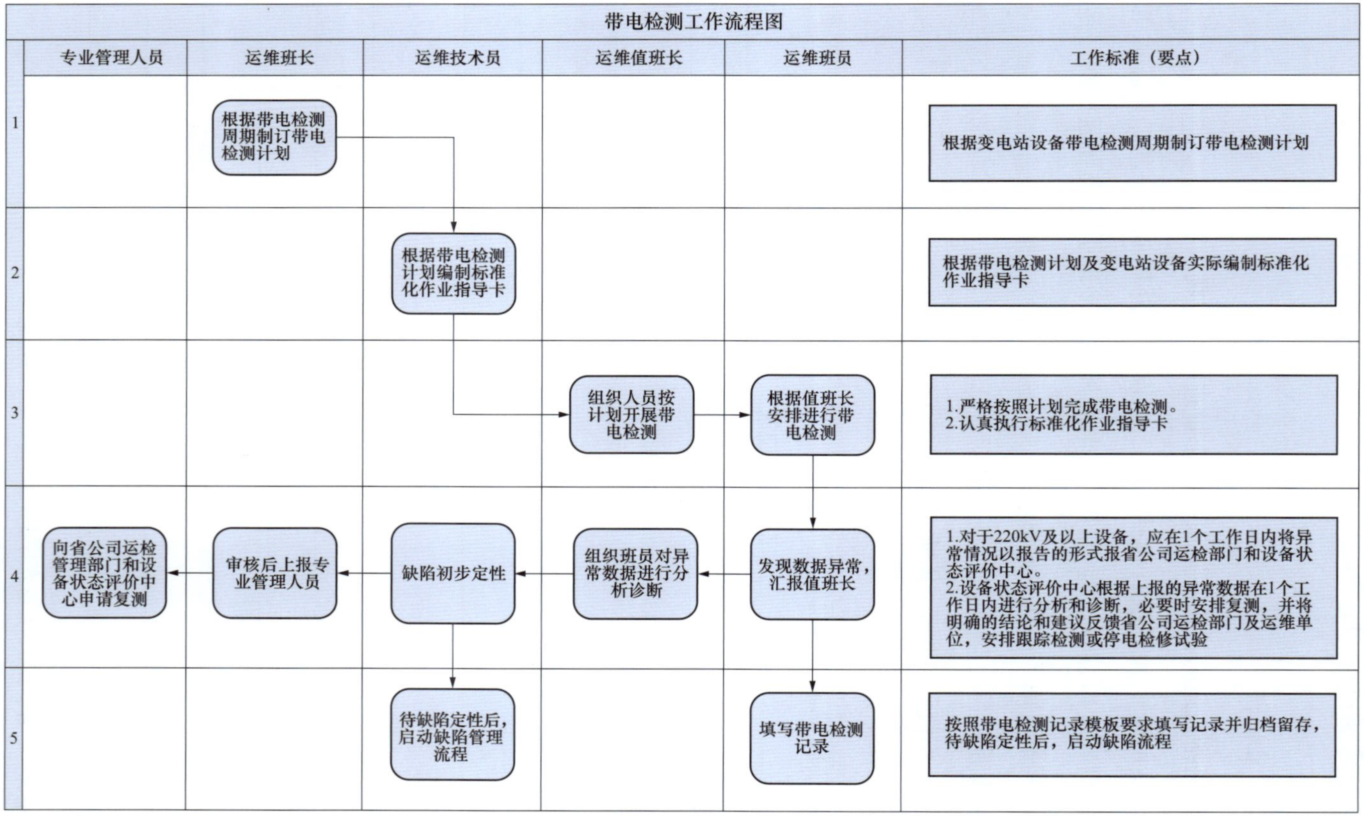

图 5－4　带电检测工作流程图

表 5－16　　　　　×××变电站红外热像检测报告

一、基本信息							
变电站		委托单位		试验单位			
试验性质		试验日期		试验人员		试验地点	
报告日期		编制人		审核人		批准人	
试验天气		温度（℃）		湿度（%）			

二、检测数据									
序号	间隔名称	设备名称	缺陷部位	表面温度	正常温度	环境温度	负荷电流	图谱编号	备注（辐射系数/风速/距离等）
检测仪器									
结论									
备注									

（3）变电站红外检测异常报告模板见表 5－17。

表 5－17　　　　　×××变电站红外检测异常报告

天气：　　　温度：　℃　　　　湿度：　%　　　　检测日期：　　年　月　日

发热设备名称		检测性质	
具体发热部位			
三相温度（℃）	A：________	B：________	C：________
环境参照体温度（℃）		风速（m/s）	
温差（K）		相对温差（%）	
负荷电流（A）		额定电流（A）/电压（kV）	
测试仪器（厂家/型号）			
红外图像：（图像应有必要信息的描述，如测试距离、反射率、测试具体时间等）			
可见光图（必要时）			
备注：			

编制人：________　　　　　　　　　　　　审核人：________

（4）电气设备红外缺陷典型图谱。

本书以变压器设备为例，其他设备类型可参考此模板，结合变电站实际情况进行编制，电气设备红外缺陷典型图谱模板见表 5-18。

表 5-18　　　　电气设备红外缺陷典型图谱

<table>
<tr><th>设备类型</th><th>图例</th></tr>
<tr><td>变压器</td><td>
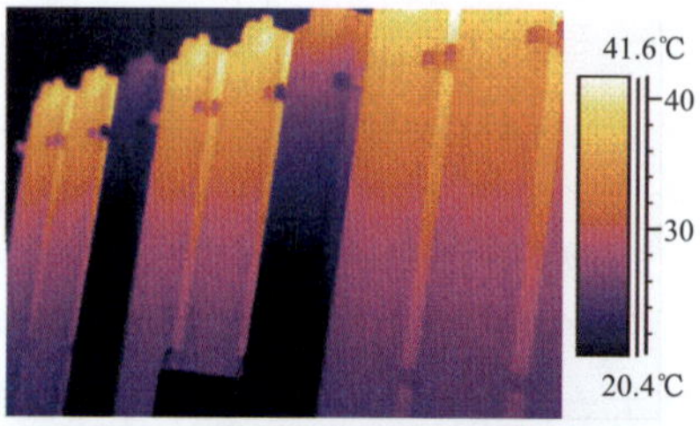

变压器散热器进油管关闭

变压器磁屏蔽不良
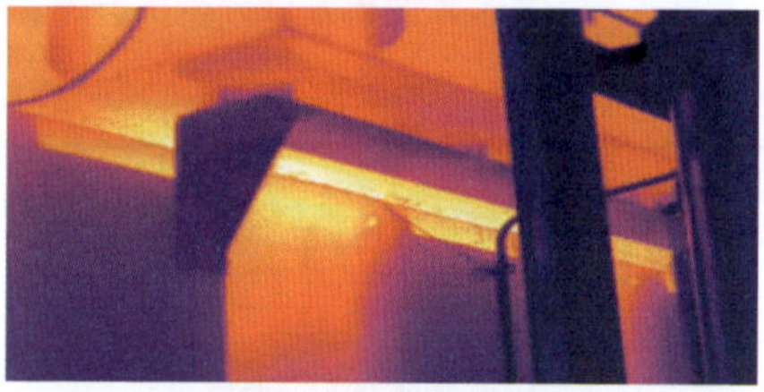
变压器低压侧涡流引起发热
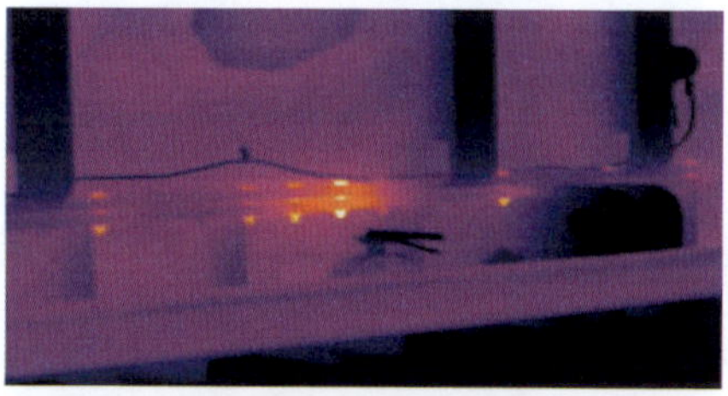
变压器漏磁引起的螺栓发热

变压器散热风扇马达发热
</td></tr>
</table>

（5）开关柜暂态地电压局部放电检测报告模板见表5-19。

表5-19　　开关柜暂态地电压局部放电检测报告

一、基本信息							
变电站		委托单位		试验单位			
试验性质		试验日期		试验人员		试验地点	
报告日期		编制人		审核人		批准人	
试验天气		温湿度		背景噪声			

二、设备铭牌					
设备型号		生产厂家		额定电压	
投运日期		出厂日期			

三、检测数据													
序号	开关柜编号		前中	前下	后上	后中	后下	侧上	侧中	侧下	负荷（A）	备注（可见光照片）	结论
特征分析													
背景值													
仪器厂家													
仪器型号													
仪器编号													
备注													

注　在备注中对停运开关柜进行记录。

（6）变压器铁心接地电流检测报告模板见表5-20。

表5-20　　变压器铁心接地电流检测报告

一、基本信息							
变电站		委托单位		试验单位			
试验性质		试验日期		试验人员		试验地点	
报告日期		编制人		审核人		批准人	
试验天气		温度（℃）		湿度（%）			

二、设备铭牌					
运行编号		生产厂家		额定电压（kV）	
投运日期		出厂日期		出厂编号	
设备型号		额定容量			

续表

三、检测数据	
铁心接地电流（mA）	
夹件接地电流（mA）	
仪器型号	
结论	
备注	

（7）蓄电池内阻检测试验记录表模板见表 5－21。

表 5－21　　　　　　蓄电池内阻检测试验记录表

电池组名称			电池品牌		
标称容量（Ah）		参考电压（V）		参考内阻（mΩ）	
测试人			测试时间		
电池编号	电压（V）	内阻（mΩ）	连接条电阻（Ω）	容量比	

（8）蓄电池核对性充放电检测记录表模板见表 5－22。

表 5－22　　　　　　蓄电池核对性充放电检测记录表

变电站名称		测试人		测试时间			
机房和电池信息							
电池型号				生产厂家			
安装日期				生产工艺			
机房编号		电池组号		整组类型		单体类型	
电池组数		每组节数		标称容量		单节排序	
放电设置参数							
放电方式		放电电流		放电时间			
整组电压限		单体电压限		放出容量限			
测试信息							
环境温度		测试开始时间				终止原因	
环境湿度		测试时间					
结论和方案							

续表

节号	开始电压	结束电压	结论	维护方案

5.5 外来人员管理标准化规范

5.5.1 业务概述

外来人员是指除负责变电站管理、运维、检修人员外的各类人员（如外来参观人员、工程施工人员等）。

外来参观人员必须得到相关部门的许可，到运维班办理相关手续、出示有关证件，得到允许后，在运维人员的陪同下方可进入设备场区。

无单独巡视设备资格的人员到变电站参观检查，应在运维人员的陪同下方可进入设备场区。

对于进入变电站工作的临时工、外来施工人员必须履行相应的手续、经安全监察部门进行安全培训和考试合格后，在工作负责人的带领下，方可进入变电站。如在施工过程中违反变电站安全管理规定，运维人员有权责令其离开变电站。

外来施工队伍到变电站必须先由工作负责人办理工作票，其他人员应在非设备区等待，不得进入主控室及设备场区；工作许可后，外来施工队伍应在工作负责人的带领和监护下到施工区域开展工作。

严禁施工班组人员进入工作票所列范围以外的电气设备区域。发现上述情况时，应立即停止施工班组的作业，并报告当班负责人或相关领导。

5.5.2 业务流程

外来人员管理工作流程如图 5－5 所示。

5.5.3 工作记录

变电站外来人员登记记录模板见表 5－23。

外来人员管理工作流程图				
	外来人员	运维班长	运维班员	工作标准（要点）
1	申请进站			1.外来参观人员必须得到相关部门的许可，出示相关证件，到运维班办理相关手续。 2.对于进入变电站工作的临时工、外来施工人员必须履行相应的手续、经安全监察部门进行安全培训和考试合格后，在工作负责人的带领下，方可进入变电站
2		许可进站		1.收到相关部门许可，检查证件后，在变电站外来人员登记记录上登记。 2.指派班员陪同外来人员进站。 3.外来施工队伍到变电站必须先由工作负责人办理工作票，其他人员应在非设备区等待，不得进入主控室及设备场区；工作许可后，外来施工队伍应在工作负责人的带领和监护下到施工区域开展工作。如在施工过程中违反变电站安全管理规定，运维人员有权责令其离开变电站
3			陪同进站	1.严禁施工班组人员进入工作票所列范围以外的电气设备区域。发现上述情况时，应立即停止施工班组的作业，并报告当班负责人或相关领导。 2.在带电设备区域内，注意自身和外来人员与带电设备的安全距离。 3.无单独巡视设备资格的人员到变电站参观检查，应在运维人员的陪同下方可进入设备场区
4	申请离站			在进站工作或参观结束后，向班长申请离站
5		许可离站		收到外来人员离站申请后，填写外来人员离站时间，许可离站

图 5-5　外来人员管理工作流程图

表 5-23　　变电站外来人员登记记录

变电站名称：×××变电站

日期	进站时间	离站时间	进站手续	进站允许人	车牌号	外来人员所在单位	外来人员负责人	人数	工作内容	备注

6　专项预防运维管理标准化规范

6.1　消防管理标准化规范

6.1.1　业务概述

消防管理应按照国家及地方有关消防法律法规制订变电站现场消防具体要求，落实专人负责，并严格执行。

运维单位应结合变电站实际情况制订消防预案，消防预案中应包括应急疏散部分，并定期进行演练。消防预案内应有变压器类设备灭火装置、烟感报警设备设施等和消防器材的使用说明。

6.1.2　业务流程

消防管理工作流程如图6－1所示。

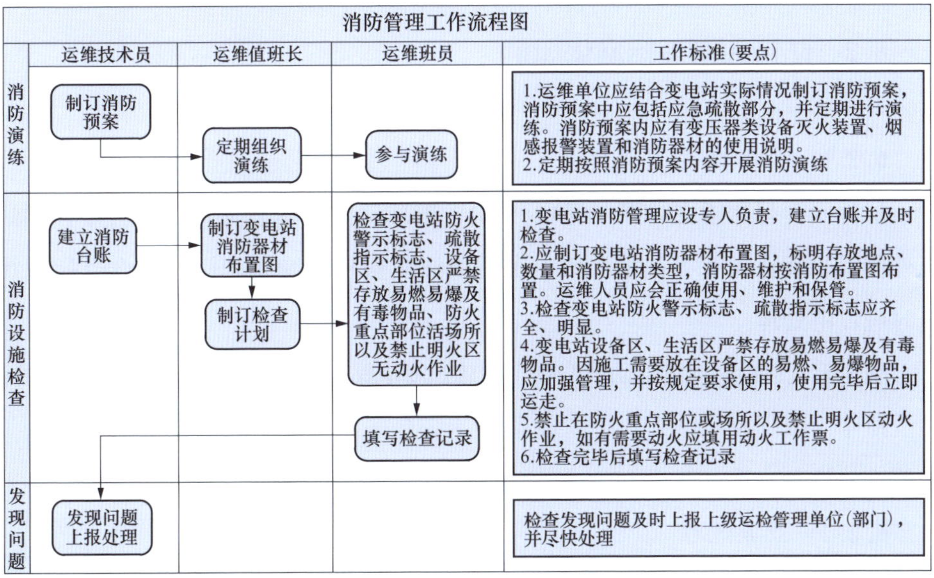

图6－1　消防管理工作流程图

6.1.3 工作记录

（1）运维班（站）消防设施、器材台账模板见表6-1。

表6-1 ×××运维班（站）消防设施、器材台账

序号	名称	规格型号	数量	单位	目前状态	使用位置	责任人	备注

（2）消防设施检查表模板见表6-2。

表6-2 消防设施检查表 ×××变电站

序号	设施名称/位置	检查日期									
		×月×日	×月×日	×月×日	×月×日	×月×日	×月×日	×月×日	×月×日	×月×日	×月×日
	检查人	×××	×××	×××	×××	×××	×××	×××	×××	×××	×××

说明：检查无问题在检查情况栏内画“√”，发现问题应将处理结果详细填入检查情况栏内。

6.1.4 消防精益化评价指导卡

消防精益化评价指导卡模板见表6-3。

6.2 防污闪管理标准化规范

6.2.1 业务概述

防污闪管理是指在大雾（霾）、小雨、覆冰（雪）等恶劣天气过程中，利用红外测温、紫外成像等技术手段，密切关注设备外绝缘状态，发现设备爬电严重时应停电处理。

恶劣天气巡检时应做好防人身伤害措施。变电站应存放最新修订的污区分布图。

每年应根据校核结果，更新设备外绝缘台账，对外绝缘配置不满足污区等级要求的设备应重点巡视。

6.2.2 业务流程

防污闪管理工作流程如图6-2所示。

表 6－3

消防精益化评价指导卡

消防精益化评价细则				
火灾自动报警系统	变电站名称	××变电站	设备型号	
			生产日期	
	制造厂家		投运日期	
变压器固定自动灭火系统	变电站名称	××变电站	设备型号	
			生产日期	
	制造厂家		投运日期	
得分（总分 100 分）			评分日期及签字	

序号	评判项目	评判小项	检查方式	检查结果	扣分原则	扣分值	备注	图片
一、消防管理资料（共计 35 分，扣完为止）						累计扣分：		
1	变电站消防验收	1998 年 9 月 1 日以后投运的变电站应取得消防验收或备案意见	查阅资料（正式文件扫描版或复印版均可）	□有 □没有	没有资料且未列消防取证计划的，扣 6 分			
2	应急预案	变电站消防应急处置方案	查阅资料	□有 □没有	没有资料的，扣 6 分			
3	消防维保记录	变电站具备相应资质消防机构的近三个月消防维保记录		□有 □没有	没有资料的，扣 6 分			
4	消防设施操作员证	该站所属运维班人员持有消防设施初级操作员证（建构筑物消防员）		□有 □没有	没有证书且未列培训取证计划的，扣 6 分			

续表

序号	评判项目	评判小项	检查方式	检查结果	扣分原则	扣分值	备注	图片
5	消防培训和演练	该站所属运维班本年两次的消防培训和演练	查阅资料	□有 □没有	没有两次消防培训和两次演练记录的，扣6分			
					每缺少一次记录，扣1.5分			
6	消防知识考问	迎检单位推荐1名人员（该站所属运维班人员），接受检查专家的现场考问。考问内容包括总部近期下发的国网设备变电〔2018〕15号和16号文、本站消防隐患和治理项目情况	现场考问	实际得分 □	总分10分：客观题8道，共8分；主观题1道，共2分。 主观题为本站消防隐患和治理项目情况，缺少1条隐患扣0.1分，最多扣0.5分			
二、火灾自动报警系统（共计20分，扣完为止）							累计扣分：	
7	配置情况	变电站配置火灾自动报警系统情况	现场检查及查阅资料	□是 □否	未配置且未列火灾自动报警系统新增改造项目的，扣20分			
8	技术档案	具有消防强制性产品认证证书（CCCF）或国家级消防质量检验中心出具的检验报告	现场检查及查阅资料	□有 □没有	不符合要求的，扣2分			

续表

序号	评判项目	评判小项	检查方式	检查结果	扣分原则	扣分值	备注	图片
9	装置状态	火灾报警控制器自检、故障、报警、消音、复位、火灾记忆、火警优先、二次报警等功能正常，火灾显示盘和显示器的显示正常	现场检查	□是　□否	不符合要求的，扣3分			
		设置主电源和备用电源，并可自动切换		□是　□否	不符合要求的，扣3分			
		火灾探测器报警功能正常，编码正确		□是　□否	不符合要求的，扣3分			
		手动报警按钮外观良好，功能正常		□是　□否	不符合要求的，扣3分			
		声光报警装置功能正常		□是　□否	不符合要求的，扣3分			
		消防联动控制器功能正常		□是　□否	不符合要求的，扣3分			
		火灾报警信号上传调控中心		□是　□否	不符合要求的，扣3分			
10	火灾探测器	电缆夹层内应安装线型感温、感烟或吸气式感烟探测器	现场检查	□是　□否	不符合要求的，扣2分			
		酸性蓄电池室应采用防爆感烟和可燃气体探测器；阀控式密封铅酸蓄电池室采用点式感烟或吸气式感烟		□是　□否	不符合要求的，扣2分			

续表

序号	评判项目	评判小项	检查方式	检查结果	扣分原则	扣分值	备注	图片
三、变压器固定自动灭火系统（共计 25 分，扣完为止）							累计扣分：	
11	配置情况	按照《设备变电〔2018〕15 号国网设备部关于印发变电站（换流站）消防设施等完善化改造原则（试行）的通知》，变压器应配置固定自动灭火系统	现场检查及查阅资料	□是 □否	未配置且未列变压器固定灭火系统新增改造项目的，扣 25 分			
12	自动运行状态	变压器固定自动灭火系统现场应投入在“自动状态”，与现场专用规程相符		□是 □否	未投自动且未列固定灭火系统防误维修计划或项目的，扣 4 分			
13	技术档案	设备使用说明书	查阅资料	□有 □没有	1）没有资料，扣 1 分。 2）有资料的，但项目不齐全、不规范或内容错误的，发现 1 次扣 0.1 分，最多扣 0.5 分			
		具有消防强制性产品认证证书（CCCF）或国家级消防质量检验中心出具的检验报告		□有 □没有	没有资料的，扣 1 分			
14	装置状态	排油注氮、水（泡沫）、气体灭火系统主配件外观完好，阀组正常	现场检查	□是 □否	不符合要求的，扣 2 分			
		管道、管件、压力表、过滤器、金属软管无破损、无腐蚀，应进行防腐蚀处理		□是 □否	不符合要求的，扣 2 分			
		水源、泡沫、气体等灭火介质合格		□是 □否	不符合要求的，扣 2 分			

续表

序号	评判项目	评判小项	检查方式	检查结果	扣分原则	扣分值	备注	图片
14	装置状态	户外的感温电缆或探头无老化和磨损现象，应有良好的固定措施	现场检查	□是　□否	不符合要求的，扣2分			
		现场装置明显处应有手动操作步骤说明		□是　□否	不符合要求的，扣1分			
		水喷雾、细水雾、泡沫灭火系统在变压器套管升高座、油枕、散热器应设喷头保护	现场检查及查阅资料	□是　□否	不符合要求的且未列固定灭火系统防误维修计划或项目的，扣1分			
15	启动控制与信号上传	排油注氮、水（泡沫）、气体灭火系统启动逻辑应满足国家电网公司完善化改造原则要求	现场检查及查阅资料	□是　□否	不符合要求且未列固定灭火系统防误维修计划或项目的，扣2分			
		排油注氮、水（泡沫）、气体灭火系统应有自动控制、手动控制和应急机械启动三种控制方式		□是　□否	不符合要求的且未列固定灭火系统防误维修计划或项目的，扣1分			
		排油注氮、水（泡沫）、气体灭火系统接入变电站主设备监控系统的信号应满足国家电网公司完善化改造原则要求		□是　□否	不符合要求且未列固定灭火系统防误维修计划或项目的，扣1分			
16	定期试验检修	应结合例行试验检修，定期对灭火装置进行维护和检查，防止误动和拒动	现场检查及查阅资料	□是　□否	不符合要求的，扣3分			
17	事故油坑	事故油坑鹅卵石铺设厚度满足不小于250mm，粒径应为50～80mm或油池盖板符合要求，无异物堵塞	现场检查	□是　□否	不符合要求的，扣2分			
		事故油池液面不超过2/3，油不外渗		□是　□否	不符合要求的，扣2分			

续表

序号	评判项目	评判小项	检查方式	检查结果	扣分原则	扣分值	备注	图片
18	水喷雾灭火系统	水喷雾系统启动的动作功率应大于 8W	现场检查	□是　□否	不符合要求的，扣 3 分			
		给水管道应在低处设置放水阀或排污口；埋地管道的放水阀应设置在阀门井内，并将排水引入排水井		□是　□否	不符合要求的，扣 1 分			
19	泡沫喷雾灭火系统	泡沫喷雾灭火系统储液罐、启动装置、氮气驱动装置应安装在温度高于 0℃的专用设备间内	现场检查	□是　□否	不符合要求的，扣 2 分			
		启动氮气瓶组、动力氮气瓶组的气体压力均在正常范围内	现场检查	□是　□否	不符合要求的，扣 2 分			
20	排油注氮灭火系统	采用排油注氮保护装置的变压器，本体储油柜与气体继电器间应设断流阀	现场检查	□是　□否	不符合要求的，扣 5 分			
		采用排油注氮保护装置的变压器应采用具有联动功能的双浮球结构的气体继电器，排油注氮装置应满足启动功率、线圈功率要求		□是　□否	不符合要求的，每发现一处扣 1.5 分，最高不得超过 3 分			
		排油阀或排油管路上应设置排油信号反馈装置，在油气隔离装置前端的注氮管路上应设置注氮信号反馈装置		□是　□否	不符合要求且未列固定灭火系统防误维修计划或项目的，扣 1 分			
		排油阀下部的排油管路上应设置漏油观测或漏油报警装置，注氮管路应设置能够排出泄漏氮气的排气组件		□是　□否	不符合要求的，扣 1 分			
		注氮阀与排油阀间应设有机械连锁阀门		□是　□否	不符合要求的，扣 1 分			

续表

序号	评判项目	评判小项	检查方式	检查结果	扣分原则	扣分值	备注	图片
21	气体灭火系统	当人员进入防护区时，应能将灭火系统转换为手动控制方式，当人员离开时，应能恢复为自动控制方式	现场检查	□是 □否	不符合要求的，扣2分			
		防护区内外应设手动、自动控制状态的显示装置		□是 □否	不符合要求的，扣1分			
		在储存容器或容器阀上，应设安全泄压装置和压力表		□是 □否	不符合要求的，扣1分			
四、电力电缆（共计5分，扣完为止）							累计扣分：	
22	电缆通道	电缆夹层、电缆竖井、电缆沟敷设的直流电缆和动力电缆均应选择阻燃电缆，非阻燃电缆应包绕防火包带或涂防火涂料，涂刷至防火墙两端各1m	现场检查	□是 □否	电缆无防火包带、防火涂料不完善，扣1分			
		电缆穿过竖井、墙壁、楼板或进入电气盘柜的孔洞处用防火堵料密实封堵		□是 □否	电缆防火封堵不完善，扣1分			
		电缆竖井中应分层设置防火隔板；电缆沟每隔一定的距离（60m）应采取防火隔离措施		□是 □否	电缆竖井和电缆通道的分段防火隔离措施不完善，扣1.5分			
		防火墙墙体无破损，封堵良好		□是 □否	防火墙墙体有破损、封堵不良，扣1分			

续表

序号	评判项目	评判小项	检查方式	检查结果	扣分原则	扣分值	备注	图片
22	电缆通道	靠近充油设备的电缆沟，应设有防火延燃措施，盖板应封堵	现场检查及查阅资料	□是 □否	不符合要求的且未列电缆沟隐患治理计划或项目的，扣1分			
		严禁将油色谱在线监测系统的采油管路敷设在电缆沟内		□是 □否	不符合要求的且未列电缆沟隐患治理计划或项目的，扣1分			
		动力电缆与控制电缆或通信电缆之间应进行可靠的防火隔离，可采取将动力电缆或通信电缆装入防火槽盒、包覆防火护套或插入防火隔板等隔离措施		□是 □否	1）不符合要求的且未列电缆沟隐患治理计划或项目的，扣1分。 2）不符合要求的，每根动力电缆扣0.1分，最多扣0.5分			
		变电站电缆夹层、电缆竖井内应设置固定式灭火设施		□是 □否	不符合要求的且未列电缆沟隐患治理计划或项目的，扣1分			
23	反措执行	严禁在变电站电缆夹层、桥架和竖井等缆线密集区域布置电力电缆接头	现场检查	□是 □否	不符合要求的，扣3分			
		电缆通道、夹层保持整洁、畅通，消除各类火灾隐患，不得积存易燃、易爆物		□是 □否	不符合要求的，扣3分			

续表

序号	评判项目	评判小项	检查方式	检查结果	扣分原则	扣分值	备注	图片
五、其他消防设施（共计 15 分，扣完为止）						累计扣分：		
24	消防水系统	消防水泵控制柜在平时应使消防水泵处于自动启泵状态，不应设置自动停泵的控制功能	现场检查及查阅资料	□是 □否	不符合要求的且未列消防设施隐患治理计划或项目的，扣 0.5 分			
		消防水泵启泵、停泵和主、备泵切换功能正常，稳（增）压泵及气压水罐压力符合要求		□是 □否	不符合要求的且未列消防设施隐患治理计划或项目的，扣 1 分			
		消防水池外观良好，寒冷地区防冻措施满足要求		□是 □否	不符合要求的且未列消防设施隐患治理计划或项目的，扣 1 分			
25	消火栓灭火系统	室内外消火栓出水正常，消火栓静压正常	现场检查及查阅资料	□是 □否	不符合要求的且未列消防设施隐患治理计划或项目的，扣 1 分			
26	消防电源	消防用电设备电源末级配电箱处主、备电切换功能正常	现场检查及查阅资料	□是 □否	不符合要求的且未列消防设施隐患治理计划或项目的，扣 1 分			
27	蓄电池	直流系统的电缆应采用阻燃电缆，两组蓄电池的电缆应分别敷设在各自独立的通道内，尽量避免与交流电缆并排敷设，在穿越电缆竖井时，两组蓄电池电缆应加穿金属套管；不具备独立敷设条件的，宜采取加装电缆防火槽盒、涂防火涂料等措施	现场检查	□是 □否	不符合要求的，扣 1 分			

续表

序号	评判项目	评判小项	检查方式	检查结果	扣分原则	扣分值	备注	图片
27	蓄电池	多组蓄电池应独立安装在不同的蓄电池室内或者在不同蓄电池组间设置防爆隔火墙	现场检查	□是 □否	不符合要求的，扣1分			
		蓄电池组电缆的正极和负极不应共用一根电缆		□是 □否	不符合要求的，扣0.5分			
28	蓄电池室运行环境	蓄电池室门应向外开	现场检查	□是 □否	不符合要求的，扣1分			
		蓄电池室的窗户应有防止阳光直射的措施		□是 □否	不符合要求的，扣1分			
		蓄电池室应装有通风装置，通风道应单独设置		□是 □否	不符合要求的，扣1分			
		酸性蓄电池室应使用防爆型照明、排风机及空调，开关、熔断器和插座等应装在蓄电池室门外，蓄电池室的照明线应采用暗线铺设；阀控式密封铅酸蓄电池室内的照明、通风设备可不考虑防爆		□是 □否	不符合要求的，扣1分			
29	防烟排烟系统	送风机、排风机外观良好，运转正常	现场检查	□是 □否	不符合要求的，扣1分			
		排烟阀、电动排烟窗功能正常		□是 □否	不符合要求的，扣1分			
30	疏散通道	疏散通道、安全出口应保持畅通，不得占用、堵塞和封闭	现场检查	□是 □否	不符合要求的，扣0.5分			
		配电装置室的门应向疏散方向开启		□是 □否	不符合要求的，扣0.5分			

续表

序号	评判项目	评判小项	检查方式	检查结果	扣分原则	扣分值	备注	图片
31	应急照明、消防标识	应急照明和疏散指示运行正常	现场检查	□是　□否	不符合要求的，扣1分			
		防火重点部位禁止烟火的标志清晰，无破损、脱落		□是　□否	不符合要求的，扣1分			
		电缆隧道内应设置指向最近安全出口处的导向箭头，主隧道、各分支拐弯处醒目位置装设整个电缆隧道平面示意图		□是　□否	不符合要求的，扣0.5分			
32	消防门和卷帘	防火卷帘门及电动防火门外观完好，启闭和联动功能正常	现场检查	□是　□否	不符合要求的，扣1分			
33	消防器材	设置部位、配置类型符合电力消防典型规程要求	现场检查	□是　□否	不符合要求的，扣1分			
		灭火器生产日期、试验日期、压力合格，定期检查，在有效使用日期内		□是　□否	不符合要求的，扣1分			
		灭火器外观整洁、无破损		□是　□否	不符合要求的，扣1分			
		消防砂箱、灭火器箱安装牢固，无变形、锈蚀现象，砂箱内砂子充足、干燥、松散		□是　□否	不符合要求的，扣1分			

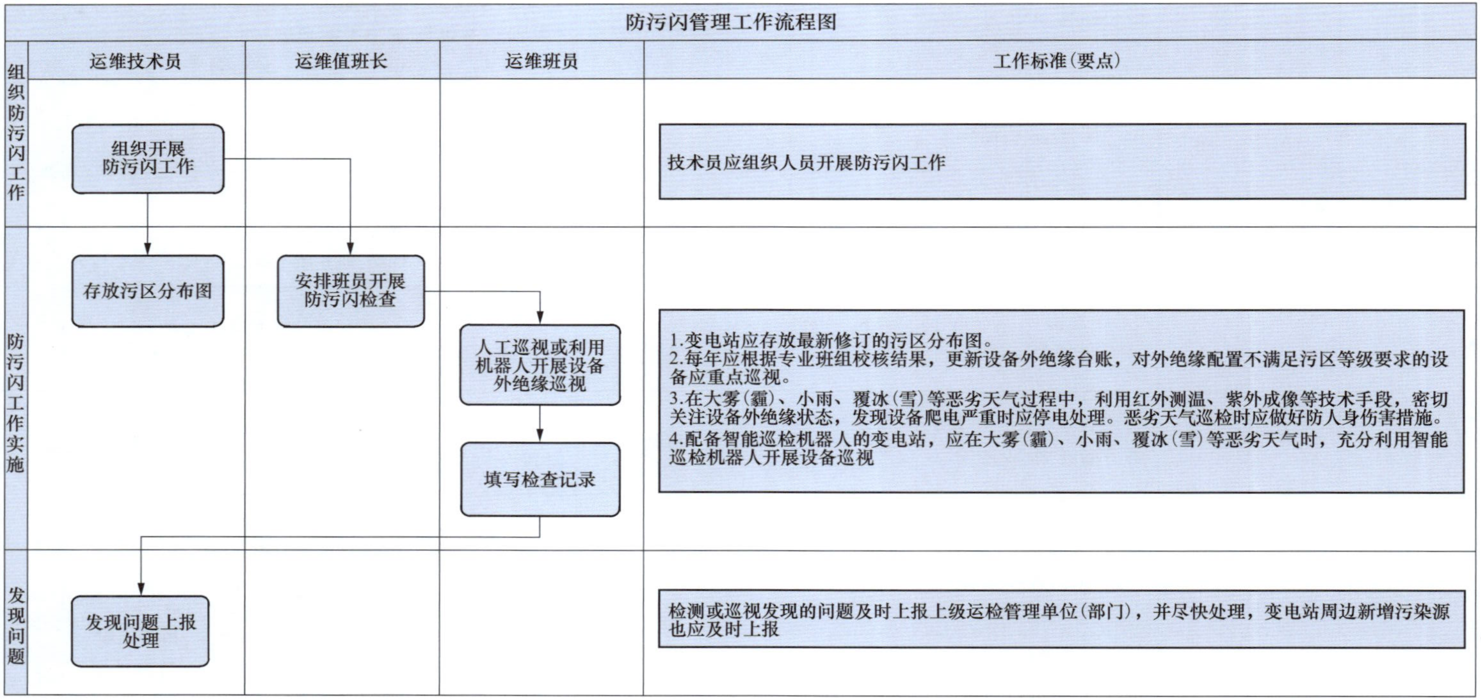

图 6-2　防污闪管理工作流程图

6.2.3 工作记录

变电设备外绝缘配置统计表模板见表 6－4。

表 6－4　　变电设备外绝缘配置统计表

单位：×××变电站　　　　×年×月×日

序号	设备名称	型号	设备爬距（mm）	最高工作电压（kV）	统一爬电比距（cm/kV）	满足污秽等级

6.3 防汛管理标准化规范

6.3.1 业务概述

防汛管理应根据本地区的气候特点、地理位置和现场实际，制订相关预案及措施，并定期进行演练。变电站内应配备充足的防汛设备和防汛物资，包括潜水泵、塑料布、塑料管、沙袋、铁锹等。

在每年汛前应对防汛设备进行全面的检查、试验，确保处于完好状态，并做好记录。

防汛物资应由专人保管、定点存放，并建立台账。

6.3.2 业务流程

防汛管理工作流程如图 6－3 所示。

6.3.3 工作记录

（1）防汛物资台账模板见表 6－5。

表 6－5　　××变电站防汛物资台账

序号	物品名称	存放数量	存放位置	负责人	备注

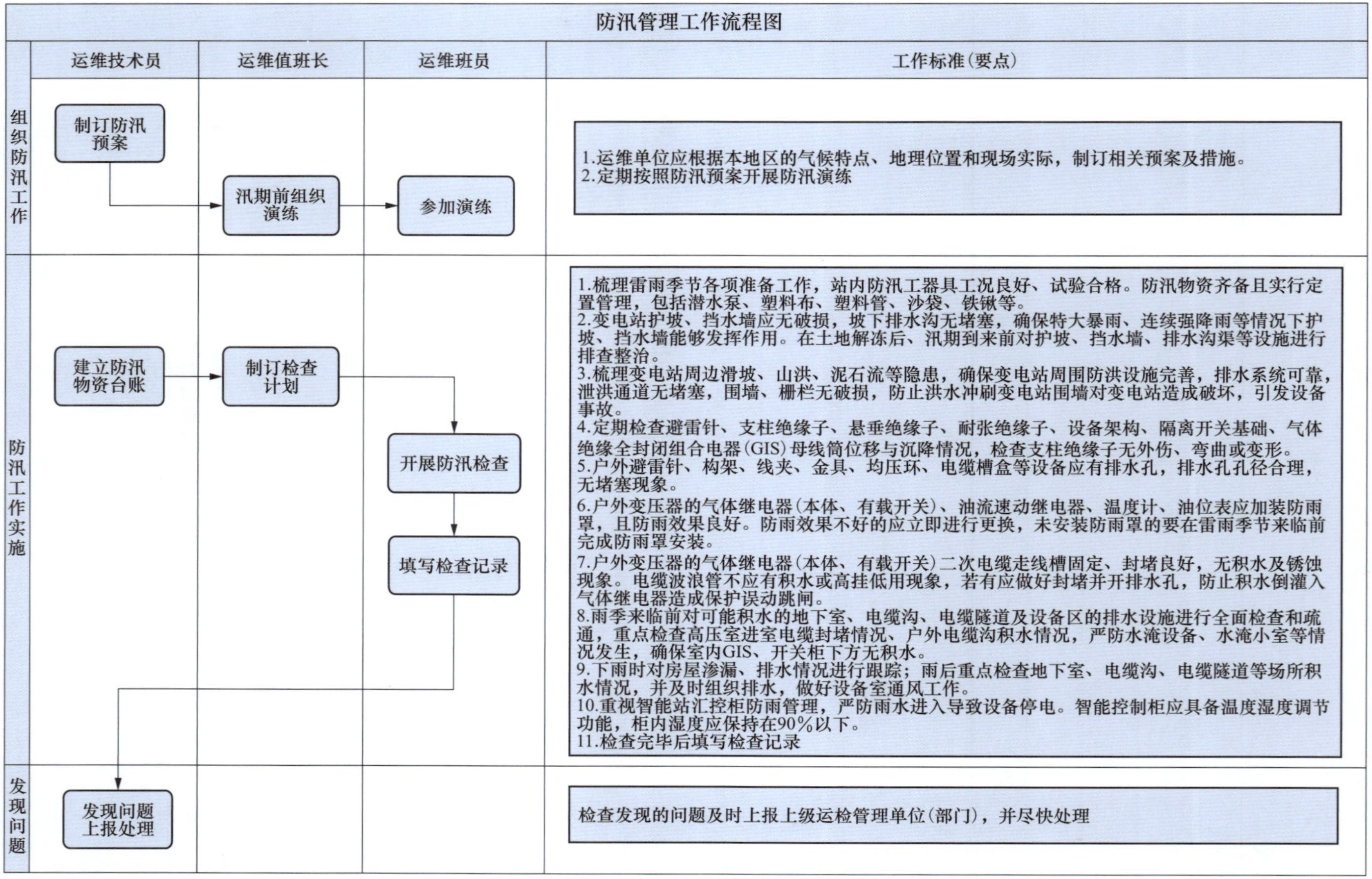

图 6-3 防汛管理工作流程图

（2）防汛工作检查表模板见表 6－6。

表 6－6　　　　××变电站防汛工作检查表

检查日期：　　年　月　日

序号	检查项目	检查内容	检查标准	检查人	结果

6.4 防（台）风管理标准化规范

6.4.1 业务概述

防（台）风管理工作应根据本地区气候特点和现场实际，制订相应的变电站设备设施防（台）风预案和措施。

大（台）风前后，应重点检查设备引流线、设备防雨罩、避雷针、绝缘子等是否存在异常；检查屋顶和墙壁彩钢瓦、建筑物门窗是否正常；检查户外堆放物品是否合适，箱体是否牢固，户外端子箱是否密封良好。

每月检查和清理设备区、围墙及周围的覆盖物、漂浮物等，防止被大风刮到运行设备上造成故障。

有土建、扩建、技改等工程作业的变电站，运维人员在大（台）风来临前应加强对正在施工场地的检查，重点检查材料堆放、脚手架稳固、护网加固、临时孔洞封堵、缝隙封堵、安全措施等情况，发现隐患要求施工单位立刻整改，防止设施机械倒塌或者坠落事故，防止雨布、绳索、安全围栏绳吹到带电设备上引发事故。

6.4.2 业务流程

防（台）风管理工作流程如图 6－4 所示。

6.4.3 工作记录

防（台）风检查表模板见表 6－7。

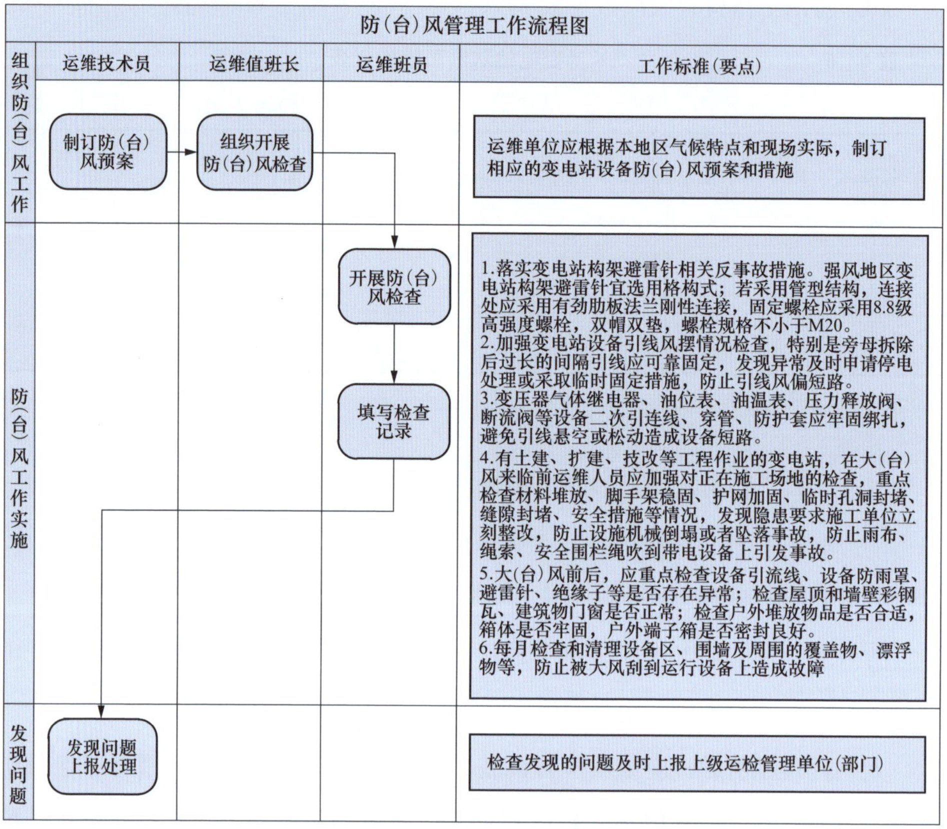

图 6-4　防（台）风管理工作流程图

表 6-7　　×××变电站防（台）风检查表

序号	日期	变电站名称	检查情况	上报日期	填报人	采取措施	备注

6.5　防寒管理标准化规范

6.5.1　业务概述

防寒管理应根据本地区的气候特点和现场实际，制订相应的变电站设备设施防寒预案和措施。

秋冬交季前、气温骤降时应检查充油设备的油位、充气设备的压力情况。

根据变电站环境温度及设备要求，检查温控器整定值，及时投、停加热装置。对装有温控器的驱潮、加热装置应进行带电试验或用测量回路的方法进行验证有无断线，当气温低于5℃或湿度大于75%时应复查驱潮、加热装置是否正常。

冬季气温较低时，应重点检查开关机构箱、变压器控制柜和户外控制保护接口柜内的加热器运行是否良好、空调系统运行是否正常，发现问题及时处理，做好防寒保温措施。

变电站容易冻结和可能出现沉降地区的消防水、绿化水系统等设施应采取防冻和防沉降措施。消防水压力应满足变电站消防要求并定期检查，最低不应小于0.1MPa；绿化水管路总阀门应关闭，下级管路中应无水，注水阀应关闭。

检查设备室内采暖设施运行正常，温度在要求范围。

6.5.2　业务流程

防寒管理工作流程如图6－5所示。

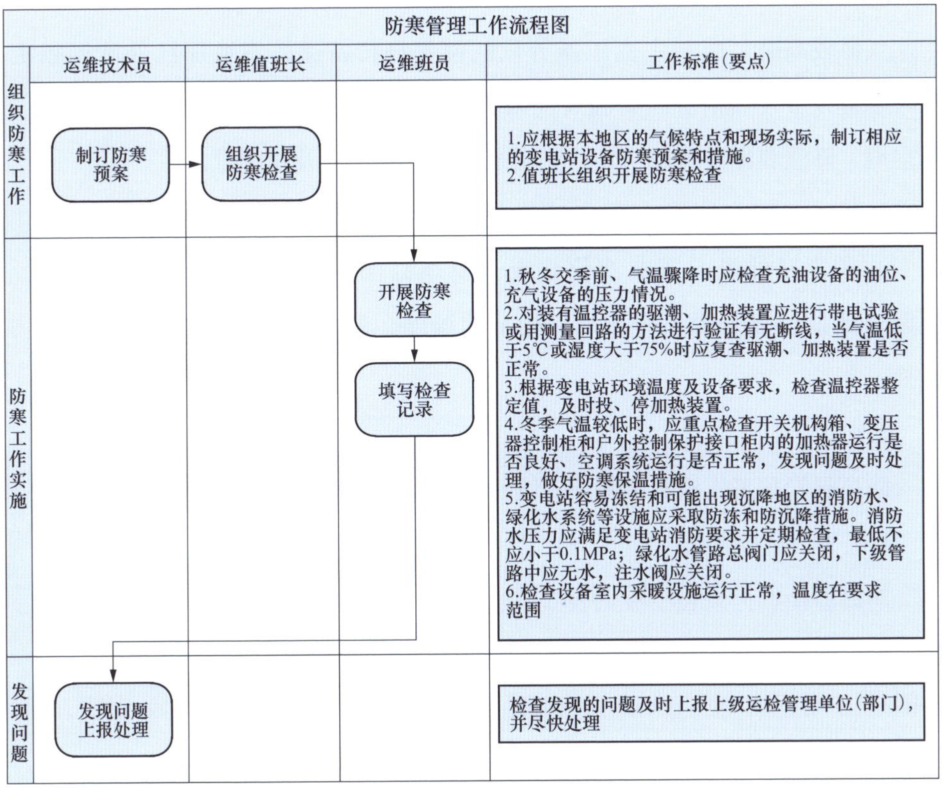

图6－5　防寒管理工作流程图

6.5.3 工作记录

防寒检查记录表模板见表 6－8。

表 6－8　　防寒检查记录表

序号	日期	变电站名称	检查情况	上报日期	填报人	采取措施	备注

6.6 防高温管理标准化规范

6.6.1 业务概述

防高温管理工作应根据本地区气候特点和现场实际，制订相应的变电站设备设施防高温预案和措施。

气温较高时，应对主变压器等重载设备进行特巡；应增加红外测温频次，及时掌握设备发热情况。高温天气来临前，运维人员应带电传动试验通风设施和空调、降温驱潮装置的自动控制系统等，发现问题及早消缺。

运维人员应在巡视中重点检查设备的油温、油位、压力及软母线驰度的变化和管型母线的弯曲变化情况。夏季高温潮湿天气下，应检查设备室温湿度测试仪表是否工作正常，指示的温度、湿度数据是否准确，否则应予更换。

6.6.2 业务流程

防高温管理工作流程如图 6－6 所示。

6.6.3 工作记录

防高温检查记录表模板见表 6－9。

表 6－9　　防高温检查记录表

序号	日期	变电站名称	检查情况	上报日期	填报人	采取措施	备注

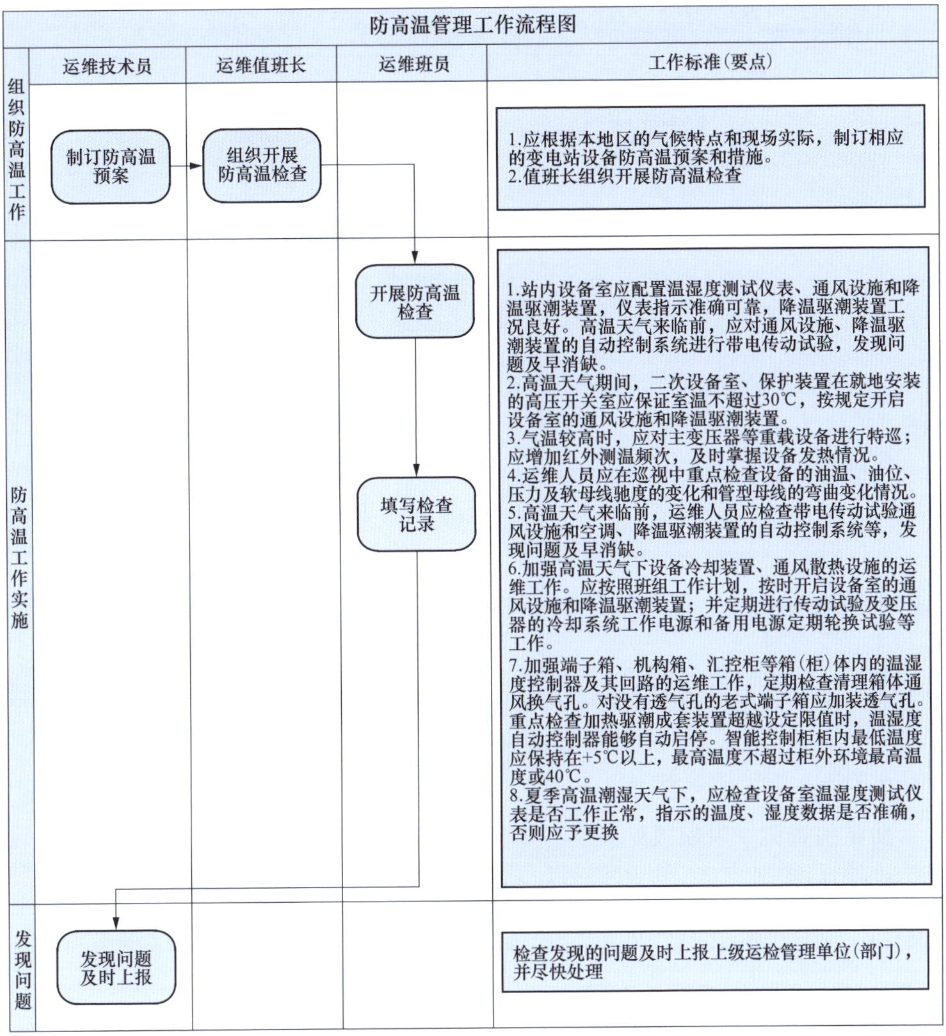

图 6-6　防高温管理工作流程图

6.7　防雷管理标准化规范

6.7.1　业务概述

防雷管理工作是指为防止雷电对设备设施发生损害而采取的必要措施。

6.7.2　业务流程

防雷管理工作流程如图 6-7 所示。

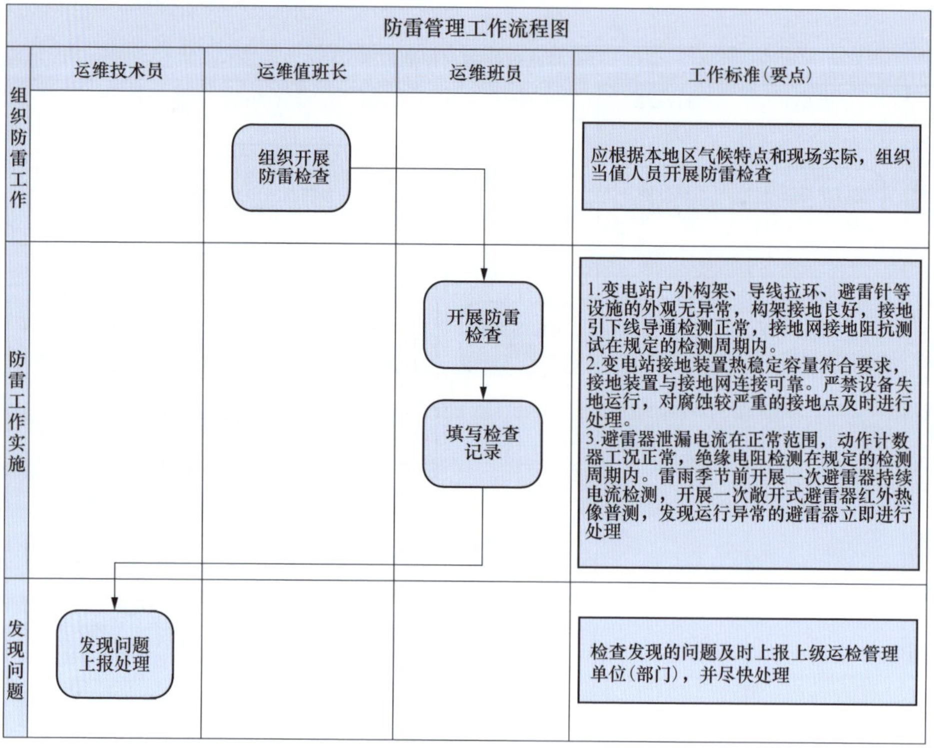

图 6－7　防雷管理工作流程图

6.7.3　工作记录标准

防雷检查记录表模板见表 6－10。

表 6－10　防雷检查记录表

序号	日期	变电站名称	检查情况	上报日期	填报人	采取措施	备注

6.8　防潮管理标准化规范

6.8.1　业务概述

防潮管理工作是指为防止空气中的湿度过大等造成设备设施发生损害而采取的必要措施。

各设备室的相对湿度不得超过 75％，巡视时应检查除湿设施功能是否有效。

智能控制柜应具备温度、湿度调节功能，柜内湿度应保持在 90％以下。

天气温差变化大，定期检查变电站端子箱、机构箱、汇控柜内封堵、潮湿凝露情况，必要时采取除湿措施。

根据变电站环境温度及设备要求，重点检查防潮防凝露装置，及时投、停加热装置。

6.8.2　业务流程

防潮管理工作流程如图 6-8 所示。

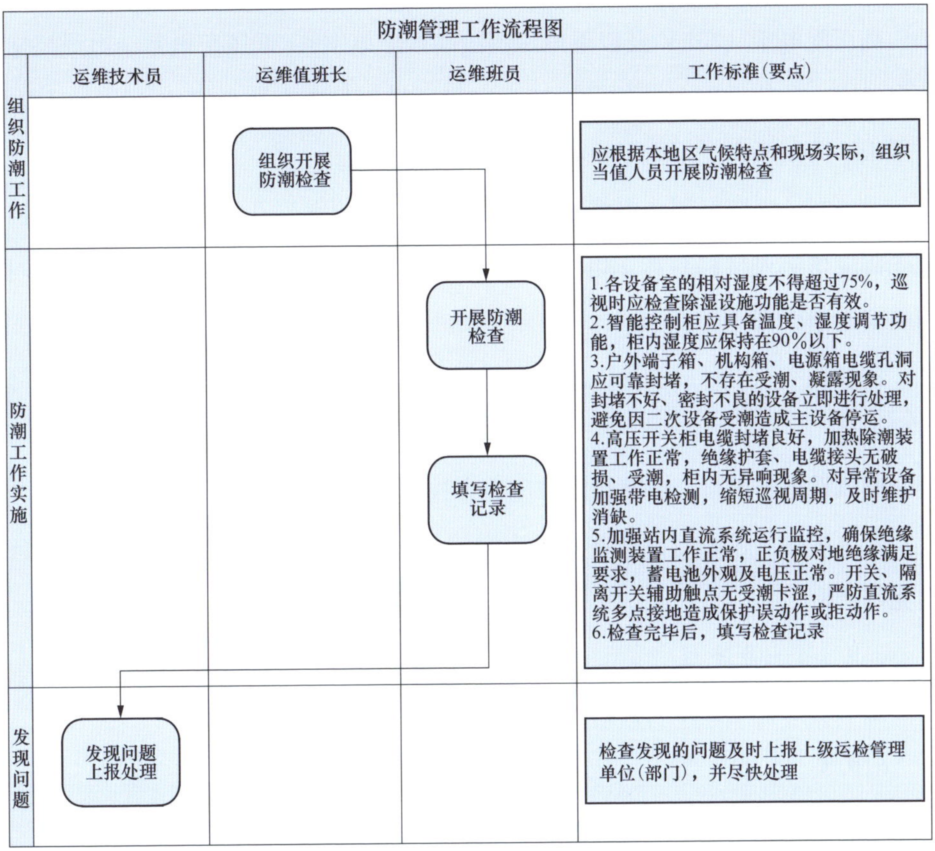

图 6-8　防潮管理工作流程图

6.8.3　工作记录

防潮检查记录表模板见表 6-11。

表 6-11　　防潮检查记录表

序号	日期	变电站名称	检查情况	上报日期	填报人	采取措施	备注

6.9 防小动物管理标准化规范

6.9.1 业务概述

防小动物管理工作是指为防止老鼠等小动物对变电站设备设施造成损害而采取的防范措施。

高压配电室（35kV及以下电压等级高压配电室）、低压配电室、电缆层室、蓄电池室、通信机房、设备区保护小室等通风口处应有防鸟措施，出入门应有防鼠板，防鼠板高度不低于40cm。

设备室、电缆夹层、电缆竖井、控制室、保护室等孔洞应严密封堵，各屏柜底部应用防火材料封严，电缆沟道盖板应完好严密。各开关柜、端子箱和机构箱应封堵严密。

各设备室不得存放食品，应放有捕鼠（驱鼠）器械（含电子式），并做好统一标识。

通风设施进出口、自然排水口应有金属网格等防止小动物进入措施。

变电站围墙、大门、设备围栏应完好，大门应随时关闭。各设备室的门窗应完好严密。

6.9.2 业务流程

防小动物管理工作流程如图6-9所示。

6.9.3 工作记录

防小动物措施统计表模板见表6-12。

表6-12　　防小动物措施统计表

站名：×××变电站　　×年×月×日

序号	地　点	毒饵盒数量	防小动物板数量	备　注

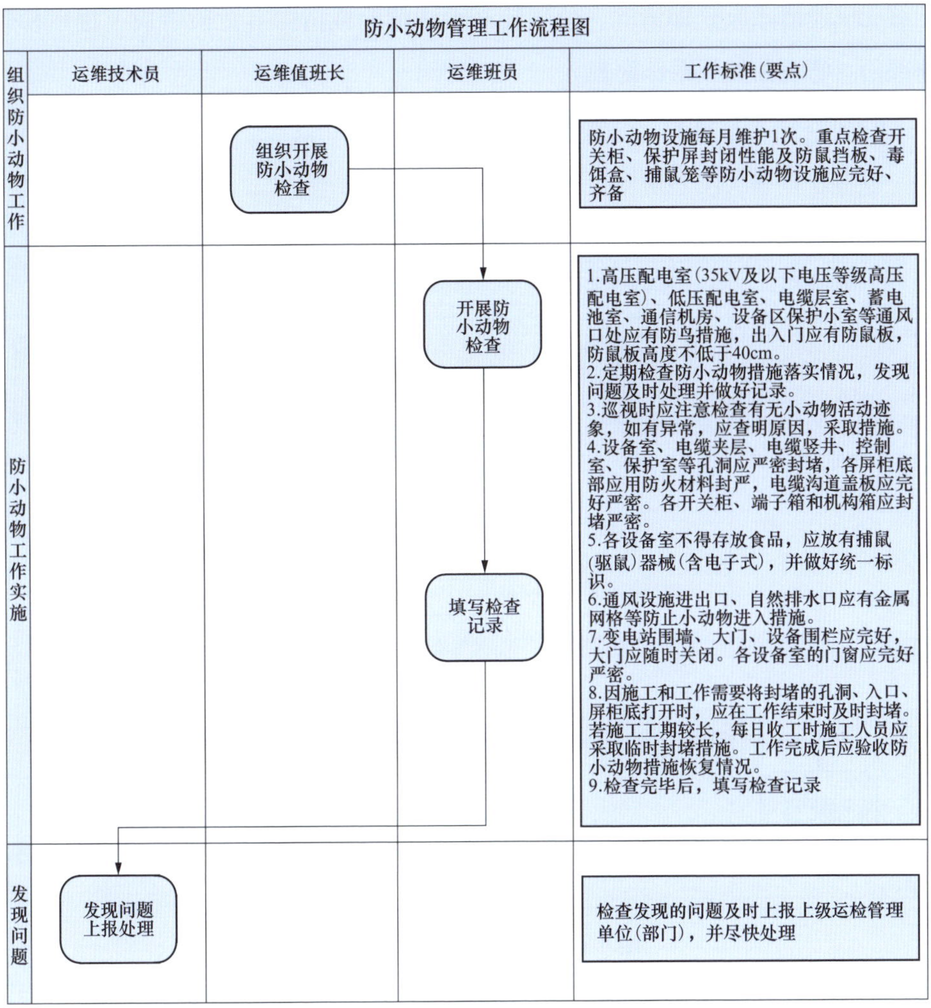

图 6－9　防小动物管理工作流程图

6.10　防鸟害管理标准化规范

6.10.1　业务概述

防鸟害管理工作应根据变电站周边鸟类活动特点，采取防止鸟类活动影响变电站设备正常运行的防范措施。

运维人员在巡视设备时应检查鸟害及防鸟害装置情况，发现异常应及时按照缺陷流程安排处理。

重点检查室外设备本体及构架上是否有鸟巢等，若发现有鸟巢位置较低或能够无风险清除应立即清除。位置较高无法清除或清除有危险者应上报运检管理部门，清理前加强跟踪巡视。

6.10.2 业务流程

防鸟害管理工作流程如图 6－10 所示。

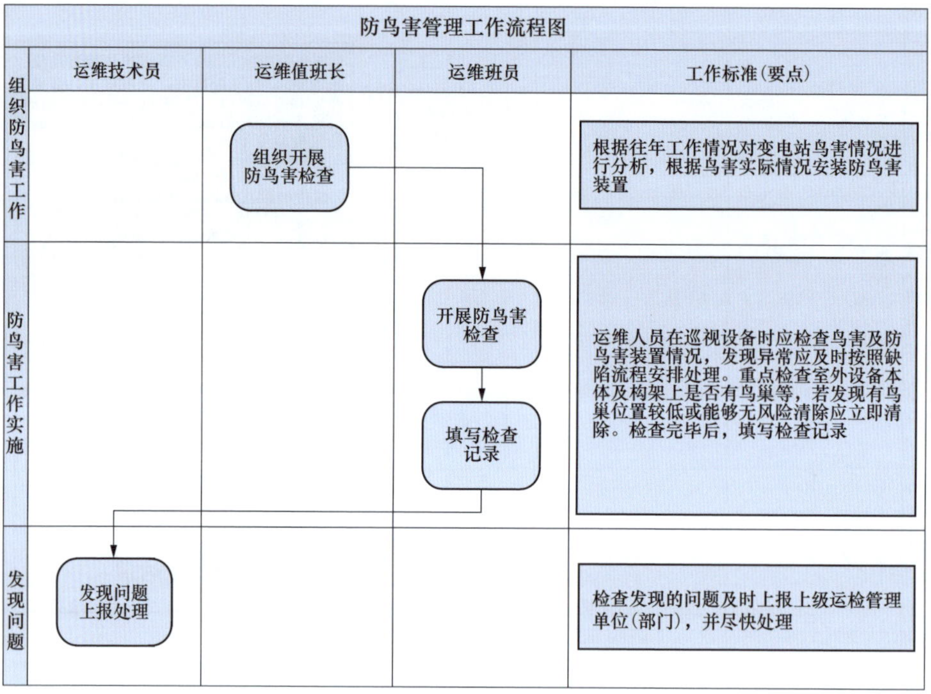

图 6－10 防鸟害管理工作流程图

6.10.3 工作记录

防鸟害排查统计表模板见表 6－13。

表 6－13 防鸟害排查统计表

序号	日期	变电站名称	检查情况	上报日期	填报人	采取措施	备注

6.11 防沙尘灾害管理标准化规范

6.11.1 业务概述

防沙尘灾害管理应根据地区环境特点采取针对性防范措施。

定期检查变电站箱（柜）体的密封情况，对损坏的应及时更换密封胶条。

沙尘情况严重时应避免室外施工作业，及时清理、固定设备区漂浮物。

风沙尘过后，应根据情况及时进行设备清扫维护工作。

6.11.2 业务流程

防沙尘管理工作流程如图 6－11 所示。

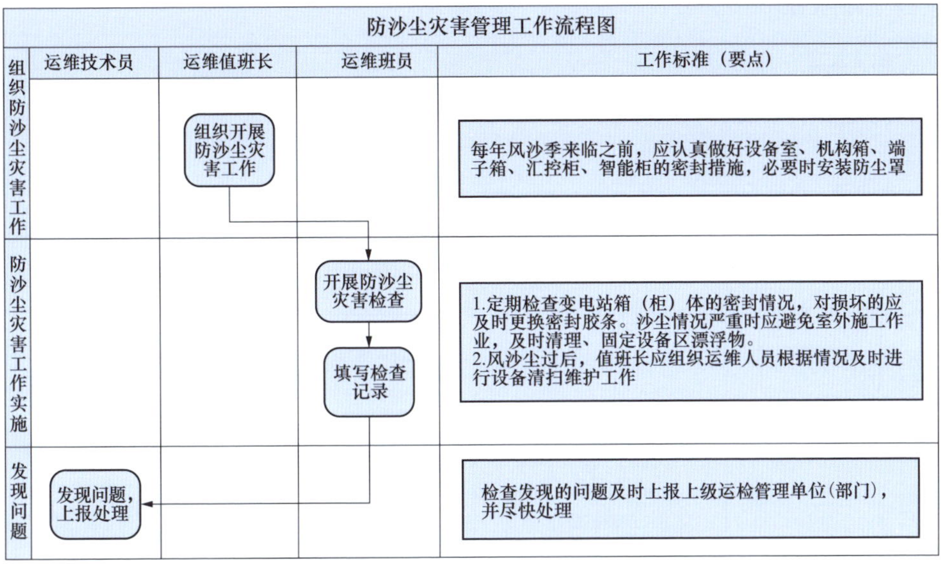

图 6－11 防沙尘管理工作流程图

6.11.3 工作记录

防沙尘灾害检查表模板见表 6－14。

表 6－14 防沙尘灾害检查表

序号	日期	变电站名称	检查情况	上报日期	填报人	采取措施	备注

6.12 防地震灾害管理标准化规范

6.12.1 业务概述

防地震灾害管理是指发生地震时及地震后对变电站人员、设备采取的应对措施。

如果运维班区域内发生具有破坏性的地震，运维人员应注意就近在屋角躲避，在室外注意远离高大建筑物，和带电设备保持安全距离，以避免触电和机械伤害，并且迅速开展自救。

地震预警解除后，在保证人员安全前提下，应组织运维人员尽快对变电站进行全面巡查。

6.12.2 业务流程

防地震管理工作流程如图 6 - 12 所示。

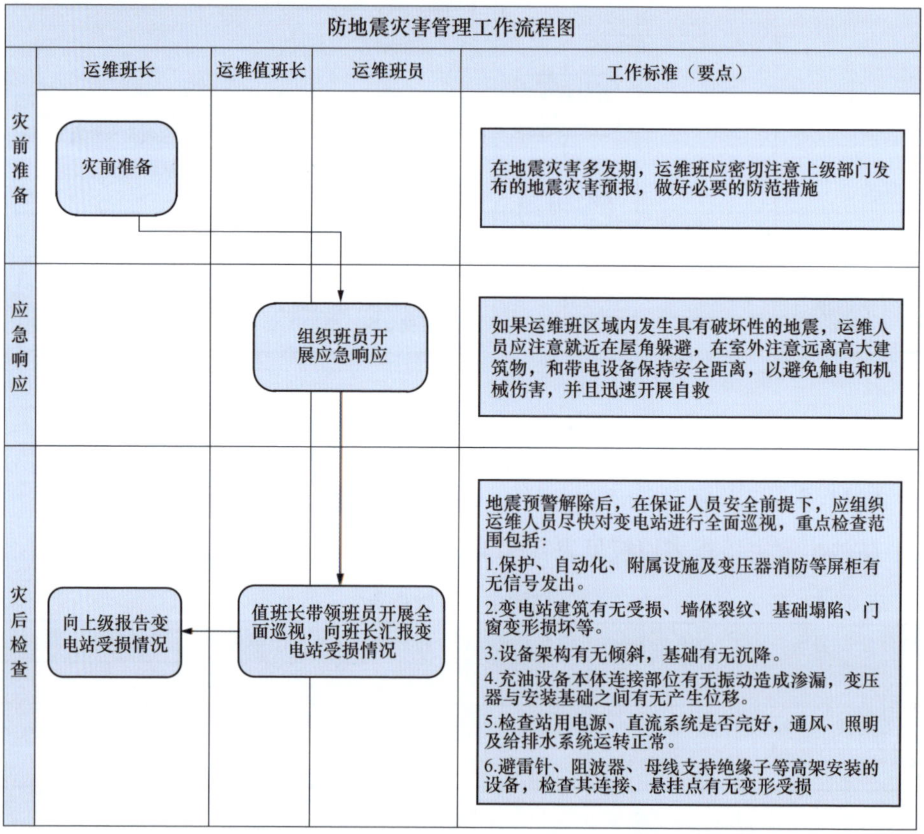

图 6 - 12 防地震灾害管理工作流程图

6.12.3 工作记录

设备巡视记录模板见表 6 - 15。

表 6-15　　设备巡视记录

变电站		电压等级	
巡视日期		变电站类别	
巡视类型	全面巡视	天气	
气温（℃）		巡视班组	
巡视人		是否使用巡检仪巡视	
巡视开始时间		巡视结束时间	
巡视内容			
巡视结果			
备注			

6.13 防外力破坏管理标准化规范

6.13.1 业务概述

防外力破坏管理应加强变电站门禁及安全保卫，做好变电站防外力破坏、防恐事故预案和演练工作。

定期检查变电站围墙、栅栏有无破损，装设的屏障、遮栏、围栏、防护网等警示牌齐全，检查安全监控系统、视频监控系统等告警、联动功能可靠。

定期检查变电站内电缆及电力光缆的保护套管，隧道、沟道井盖保护盖板完好。定期检查变电站围墙孔洞的金属网应完好，锈蚀损坏后应及时维修。

应建立变电站周边树木、大棚、彩钢板房等隐患台账，并会同电力设施保护部门及时下达隐患整改通知书。

熟知报警电话，遇有恐怖破坏人员袭击变电站等危急情况时，应及时报警。

6.13.2 业务流程

防外力破坏管理工作流程如图 6 - 13 所示。

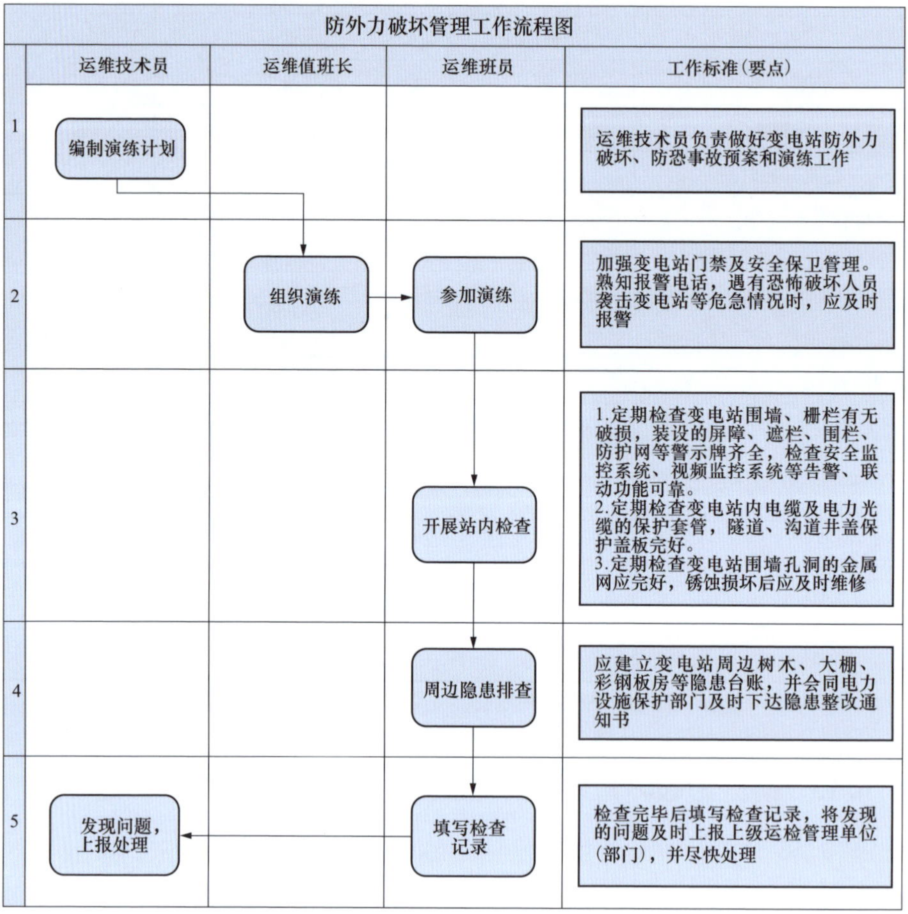

图 6 - 13　防外力破坏管理工作流程图

6.13.3 工作记录

变电站周边隐患台账模板见表 6 - 16。

表 6 - 16　　××变电站周边隐患台账

序号	日期	变电站名称	隐患情况	上报日期	填报人	采取措施	备注

7　设备缺陷及故障处理标准化规范

7.1　设备缺陷管理标准化规范

7.1.1　业务概述

缺陷管理指缺陷的发现、建档、上报、处理、验收等全过程的闭环管理。缺陷管理的各个环节应分工明确、责任到人。

1. 缺陷发现

（1）各类人员应依据有关标准、规程等要求，认真开展设备巡视、操作、检修、试验等工作，及时发现设备缺陷。

（2）检修、试验人员发现的设备缺陷应及时告知运维人员。

2. 缺陷建档及上报

（1）对不能定性的缺陷应由上级单位组织讨论确定。

（2）对可能会改变一、二次设备运行方式或影响集中监控的危急、严重缺陷情况应向相应调控人员汇报。缺陷未消除前，运维人员应加强设备巡视。

3. 缺陷处理

（1）设备缺陷的处理时限：危急缺陷处理不超过24h；严重缺陷处理不超过1个月；需停电处理的一般缺陷不超过1个检修周期，可不停电处理的一般缺陷原则上不超过3个月。

（2）缺陷未消除前，根据缺陷情况，运维单位应组织制订预控措施和应急预案。

4. 消缺验收

验收合格后，由运维人员将缺陷处理情况录入PMS，完成闭环管理。

7.1.2　业务流程

设备缺陷管理流程如图7-1所示。

设备缺陷管理工作流程

	专业管理人员	班长	运维技术员	运维班员	工作标准（要点）
缺陷发现				及时发现设备缺陷	1.各类人员应依据有关标准、规程等要求，认真开展设备巡视、操作、检修、试验等工作，及时发现设备缺陷。 2.检修、试验人员发现的设备缺陷应及时告知运维人员
缺陷定性			参照缺陷分类标准进行初步定性		1.对于缺陷标准库未包含的缺陷，应根据实际情况进行定性，并将缺陷内容记录清楚。 2.对不能定性的缺陷应由上级单位组织讨论确定
缺陷上报		班长审核后上报运维专业管理人员			在PMS中登记设备缺陷时，应严格按照缺陷标准库和现场设备缺陷实际情况对缺陷主设备、设备部件、部件种类、缺陷部位、缺陷描述以及缺陷分类依据进行选择
缺陷处理	会同检修专业对设备缺陷性质进行定性，并制订计划。由检修专业及时处理缺陷				1.危急缺陷处理不超过24h。 2.严重缺陷处理不超过1个月。 3.需停电处理的一般缺陷不超过1个检修周期，可不停电处理的一般缺陷原则上不超过3个月。 4.发现危急缺陷后，应立即通知当值调度采取应急处理措施。 5.缺陷未消除前，根据缺陷情况，运维单位应组织制订预控措施和应急预案。 6.对于影响遥控操作的缺陷，应尽快安排处理，处理前后均应及时告知调控中心，并做好记录。必要时配合当值调度进行遥控操作试验
缺陷验收				运维人员进行现场验收,核对	按照变电验收管理规定细则对缺陷处理进行验收
缺陷销号				验收合格，填写记录	验收合格后，待检修人员将处理情况录入PMS后，运维人员再将验收意见录入PMS，完成闭环管理

图 7－1　设备缺陷管理流程图

7.1.3 工作记录

设备缺陷记录模板见表 7－1。

表 7－1 设备缺陷记录

缺陷填报	
变电站：	缺陷设备：
电压等级：	设备双重名称：
缺陷性质：	发现方式：
发现人：	发现时间：
填报人：	填报时间：
缺陷描述：	典型特征：
汇报调度情况：	汇报监控情况：
缺陷审核	
审核意见：	缺陷性质：
审核时间：	审核人：
缺陷审定	
审定意见：	缺陷性质：
审定时间：	审定人：
缺陷安排	
安排意见：	安排人：
安排时间：××××年××月××日××时××分	
消缺汇报	
缺陷部位（部件）：	处理方案：
缺陷原因：	处理结果：
责任原因：	技术原因：
工作负责人：	延期原因：
缺陷验收	
处理结果：	验收意见：
汇报调度情况：	汇报监控情况：
验收人：	验收时间：
备注：过热附带红外图谱、带电检测附带相关报告	

7.1.4 设备缺陷分类标准

设备缺陷分类标准按照 Q/GDW 1906—2013《输变电一次设备缺陷设备分

类标准》执行，以干式电压互感器设备为例，设备缺陷分类标准模板见表 7－2。

表 7－2　　设备缺陷分类标准

设备类型	设备种类	部件	部件种类	部位	缺陷描述	分类依据	缺陷分类
电压互感器							
	干式电压互感器			本体	内部有异常声音	内部有放电或爆裂声	危急
					冒烟、着火	冒烟、着火	危急
					外绝缘破损、开裂	外绝缘破损、开裂	危急
					外绝缘流胶	外绝缘流胶	危急
					外绝缘放电	外绝缘放电较为严重，但未超过第二裙	严重
						外绝缘放电超过第二裙	危急
					高压熔丝熔断	高压熔丝熔断	危急
					二次短路	二次短路	危急
					绕组绝缘电阻不合格	试验数据严重超标，无法继续运行	危急
						试验数据超标，可短期维持运行	严重
						试验数据超标，仍可以长期运行	一般
					局部放电试验不合格	试验数据严重超标，无法继续运行	危急
						试验数据超标，可短期维持运行	严重
						试验数据超标，仍可以长期运行	一般
					交流耐压试验不合格	试验数据严重超标，无法继续运行	危急
						试验数据超标，可短期维持运行	严重
						试验数据超标，仍可以长期运行	一般
					电压比不合格	试验数据严重超标，无法继续运行	危急
						试验数据超标，可短期维持运行	严重
						试验数据超标，仍可以长期运行	一般

续表

设备类型	设备种类	部件	部件种类	部位	缺陷描述	分类依据	缺陷分类
				导头接头和引线	线夹松动	线夹与设备连接平面出现缝隙，螺钉明显脱出，引线随时可能脱出	危急
					线夹损坏	线夹破损断裂严重，有脱落的可能，对引线无法形成紧固作用	危急
					引线断股或松股	截面损失达25%以上	危急
						截面损失达7%以上，但小于25%	严重
						截面损失低于7%	一般

7.2 故障及异常处理标准化规范

7.2.1 业务概述

变电站故障及异常处理是指运行设备发生异常、故障或因缺陷导致的强迫停运时进行的处理工作。

故障处理过程中，运维人员应主动将故障处理情况及时汇报。故障处理完毕后，运维人员应将现场故障处理结果详细汇报当值调控人员。

变电站异常及故障处理应遵守《国家电网公司电力安全工作规程（变电部分）》、各级电网调度管理规程、变电站现场运行通用规程、变电站现场运行专用规程及安全工作规定，在当值调控人员统一指挥下处理。

7.2.2 业务流程

故障及异常处理工作流程如图7-2所示。

7.2.3 工作记录

断路器跳闸记录模板见表7-3。

故障及异常处理工作流程图				
	运维班长	运维值班长	运维班员	工作标准(要点)
1		故障初步判断		运维人员应及时到达现场进行初步检查和判断，将天气情况、监控信息及保护动作简要情况向调控人员做汇报
2			保护现场	现场有工作时应通知现场人员停止工作、保护现场，了解现场工作与故障是否关联
3		调整运行方式		涉及站用电源消失、系统失去中性点时，应根据调控人员指令倒换运行方式并投退相关继电保护
4		汇报调度		值班长组织人员详细检查继电保护、安全自动装置动作信号、故障相别、故障测距等故障信息，复归信号，综合判断故障性质、地点和停电范围，然后检查保护范围内的设备情况。将检查结果汇报调控人员
5	汇报上级运检管理单位(部门)			班长将检查结果汇报上级运检管理单位(部门)
6		隔离故障		检查发现故障设备后，应按照当值调度指令将故障点隔离，将无故障设备恢复送电
7	启动故障抢修流程			将故障点隔离，启动故障抢修流程

图 7-2　故障及异常处理工作流程图

表 7-3　　**断路器跳闸记录**　　×××变电站

日期时间	断路器编号	保护动作情况	断路器检查情况	故障电流	本次跳闸次数			跳闸累计次数			最后一次大修日期	登记人
					A相	B相	C相	A相	B相	C相		

8 运维装备设施管理标准化规范

8.1 安全工器具管理标准化规范

8.1.1 业务概述

安全工器具管理是指对安全工器具台账维护、检查清点、定期检验、使用及存放的管理工作。

运维班应配置充足、合格的安全工器具，建立安全工器具台账。安全工器具应统一分类编号，定置存放。

每年应参加安全管理部门组织的安全工器具使用方法培训，新员工上岗前应进行安全工器具使用方法培训；新型安全工器具使用前应组织针对性培训。

每半年开展安全工器具清查盘点，确保账、卡、物一致。

应定期检查安全工器具，做好检查记录，对发现不合格或超试验周期的应隔离存放，做出“禁用”标识，停止使用。应根据安全工器具试验周期规定建立试验计划表，试验到期前应及时送检，确认合格后方可使用。

安全工器具使用前，应检查外观、试验时间有效性等。

绝缘安全工器具使用前、使用后应擦拭干净，检查合格方可返库存放。

安全工器具应根据产品要求存放于合适的温度、湿度及通风条件处，与其他物资材料、设备设施应分开存放。

安全工器具的保管及存放应满足国家和行业标准及产品说明书要求。

8.1.2 业务流程

安全工器具管理工作流程如图 8－1 所示。

8.1.3 工作记录

(1) 安全工器具台账模板见表 8－1。

安全工器具管理工作流程图				
	运维班长	安全员（可兼职）	班组其他人员	工作标准（要点）
1		建立台账		运维班应配置充足、合格的安全工器具，建立安全工器具台账。安全工器具应统一分类编号，定置存放
2	参加培训			运维班每年应参加安全管理部门组织的安全工器具使用方法培训，新员工上岗前应进行安全工器具使用方法培训；新型安全工器具使用前应组织针对性培训
3		开展检查		1.每半年开展安全工器具清查盘点，确保账、卡、物一致。 2.运维班应定期检查安全工器具，做好检查记录，对发现不合格或超试验周期的应隔离存放，做出“禁用”标识，停止使用
4		定期试验		应根据安全工器具试验周期规定建立试验计划表，试验到期前应及时送检，确认合格后方可使用
5		使用		安全工器具使用前，应检查外观、试验时间有效性等。绝缘安全工器具使用前、使用后应擦拭干净，检查合格方可返库存放
6		存放		安全工器具应根据产品要求存放于合适的温度、湿度及通风条件处，与其他物资材料、设备设施应分开存放。安全工器具的保管及存放应满足国家和行业标准及产品说明书要求
7		问题汇报		发现问题无法自行解决的上报班长
8	协调解决			协调解决关于安全工器具的相关问题

图 8-1　安全工器具管理工作流程图

表 8-1　　　　安全工器具台账

××运维班（站）

序号	名称	规格型号	编号	试验周期	生产厂家	出厂日期	备注

（2）安全工器具检查记录模板见表 8-2。

表 8-2　　安全工器具检查记录模板

序号	名称	1月	2月	3月	4月	5月	6月	7月	8月	9月	10月	11月	12月
签名		×××	×××	×××	×××	×××	×××	×××	×××	×××	×××	×××	×××

注　检查人在每月对应位置填写检查情况，如无问题打“√”。

(3) 安全工器具试验计划表模板见表 8-3。

表 8-3　　安全工器具试验计划表

单位：　　　　　　　　　　　　　　　　　　　变电站名称：

序号	工器具名称	编号	规格型号	出厂日期	上次试验日期	试验周期	下次试验日期

8.2　仪器仪表管理标准化规范

8.2.1　业务概述

仪器仪表管理工作是指仪器仪表台账维护、检查清点、定期检验、使用及存放的管理工作。

运维班应配置充足、合格的仪器仪表及工器具。运维班应明确管理职责，规范仪器仪表及工器具定置管理；明确兼职管理人员，确保仪器仪表及工器具始终处于良好状态。

运维班应建立仪器仪表及工器具台账记录。仪器仪表、工器具应存放在专用橱柜内；必要时，专用橱柜内部应设置用于定置固定运检装备的模具，实现仪器仪表、工器具可靠固定。

运维工器具放置地点和仪器仪表、工器具，均应同时标明名称和编号。

常用仪器仪表及工器具专用橱柜通常放置在控制室或附近，以便于随时取用；常用仪表应配备足够的备用电池及专用表线，常用工器具的金属部分应有绝缘套。

仪器仪表应按照有关规定，由具备资质的检测机构定期检测、试验合格后方可使用，校验合格的装备上应有明显的检验合格证；否则，不得投入现场使用。

仪器仪表及工器具借用应按照规定，履行必要的借用手续；明确借用时间、归还时间并交代使用安全责任等。借用的仪器仪表及工器具归还时，也应履行验收手续，确保仪器仪表及工器具完好、无缺陷重新入库。

各设备室的温湿度计应定置管理，安装地点应设置温湿度计标识，粘贴在温湿度计正上方。

仪器仪表、工器具如有损坏，不得放回原位，应及时上报运检管理部进行补充、更换。

8.2.2 业务流程

仪器仪表管理工作流程如图 8－2 所示。

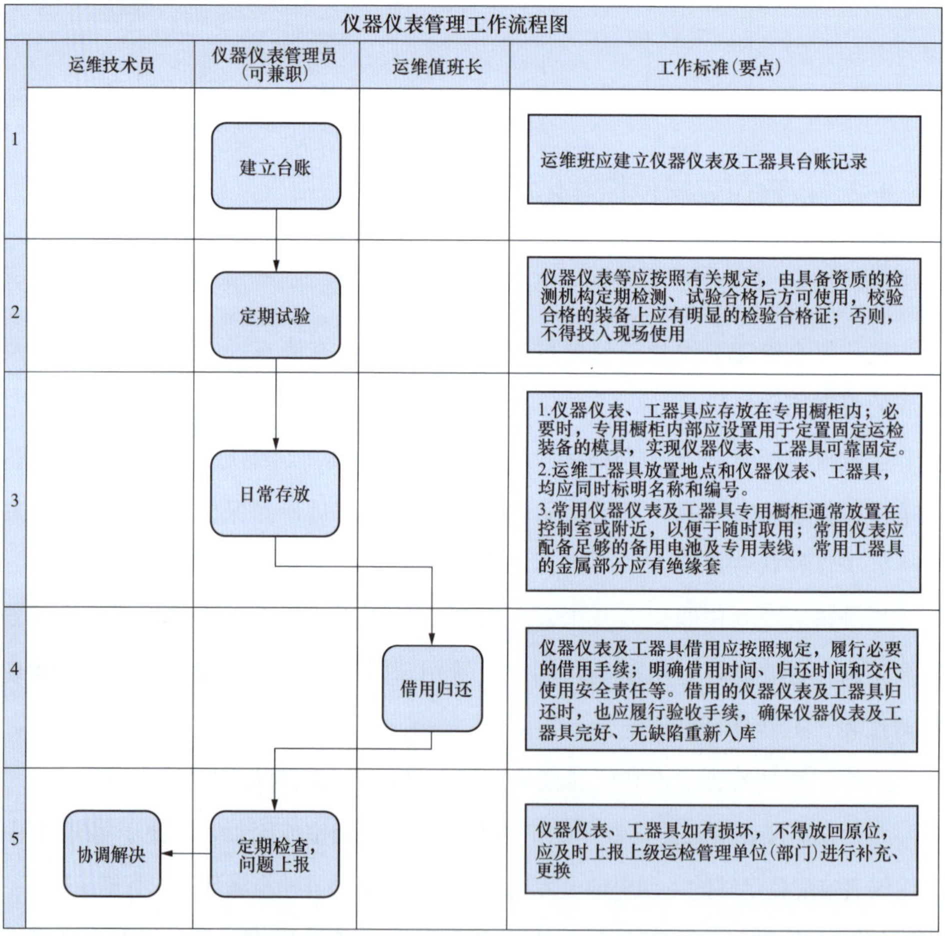

图 8－2 仪器仪表管理工作流程图

8.2.3 工作记录

(1) 仪器仪表及工器具台账记录模板见表8-4。

表8-4 仪器仪表及工器具台账记录

序号	名称	规格型号	编号	生产厂家	出厂日期

(2) 仪器仪表借用记录模板见表8-5。

表8-5 仪器仪表借用记录

序号	名称	规格型号	用途	数量	单位	领用人	领用日期	归还日期

8.3 备品备件管理标准化规范

8.3.1 业务概述

备品备件管理工作是指备品备件台账维护、检查清点、定期试验、使用及存放的管理工作。

运维班应建立备品备件台账，备品备件合格证、说明书等原始资料应齐全，严格出入库管理并定期更新。

运维班应设专人负责备品备件管理，严格按照相关规定和设备说明书进行存放，认真落实备品备件防火、防尘、防潮、防水、防腐、防晒等工作要求。

应定期对备品备件进行检查、维护和试验，防止因保管、维护不当导致备品备件损坏，确保备品备件完好、可用，并做好记录。

动态开展备品备件核查，不足时应及时补充，杜绝因补充不及时导致系统或设备长期停运。

存放于变电站内的备品应视同运行设备进行管理。

8.3.2 业务流程

备品备件管理工作流程如图 8－3 所示。

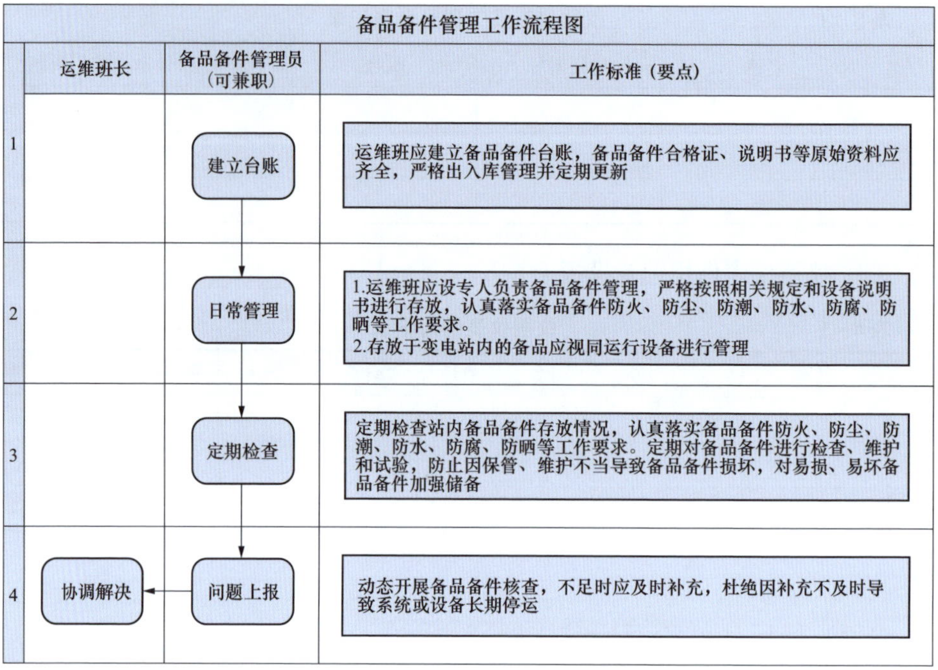

图 8－3 备品备件管理工作流程图

8.3.3 工作记录

（1）备品备件台账记录模板见表 8－6。

表 8－6　　　　××运维班（站）备品备件台账记录

序号	名称	规格型号	生产厂家	数量	单位	存放位置

（2）备品备件使用记录模板见表 8－7。

表 8－7　　　　××运维班（站）备品备件使用记录

序号	名称	规格型号	数量	单位	入库情况			出库情况		
					补充数量	入库时间	责任人	领用数量	领用时间	领用人

（3）备品备件检查记录模板见表 8－8。

表 8－8　　××运维班（站）备品备件检查记录

序号	日期	名称	型号	数量	检查情况	班组检查人	备注

8.4 危险品管理标准化规范

8.4.1 业务概述

危险品管理是指对易燃、易爆、有强烈腐蚀性、有毒等物品的管理工作。

站内的危险品应有专人负责保管并建立相关台账。

各类可燃气体、油类应按产品存放规定的要求统一保管，不得散存。

设备室通风装置因故停止运行时，禁止进行电焊、气焊、刷漆等工作，禁止使用煤油、酒精等易燃易爆物品。

蓄电池室应使用防爆型照明、排风机及空调，通风道应单独设置，开关、熔断器和插座等应装在蓄电池室的外面，蓄电池室的照明线应暗线敷设。

8.4.2 业务流程

危险品管理工作流程如图 8－4 所示。

8.4.3 工作记录

危险品台账模板见表 8－9。

表 8－9　　××班（站）危险品台账

序号	名称	规格型号	数量	单位	目前状态	存放位置	责任人	备注

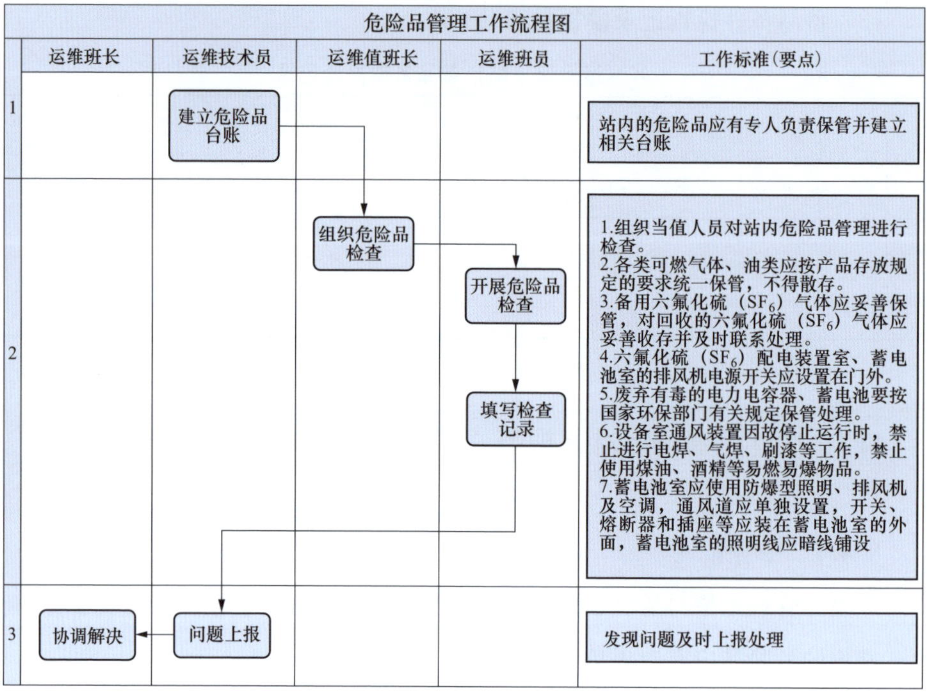

图 8-4　危险品管理工作流程图

8.5　生产用车管理标准化规范

8.5.1　业务概述

生产用车管理是指生产保障用车的使用、维护及保管。

运维班应配置满足变电站运行维护工作需要的生产用车。

生产用车严禁私用，使用前后应做好相关的登记工作。

专（兼）职驾驶员定期做好生产用车的例行保养、检查工作，保证车况良好。

专（兼）职驾驶员不得擅自将生产用车交给他人驾驶。

变电站内生产用车行驶应严格遵守限速、限高规定，按照规定的路线行驶和停放。

8.5.2　业务流程

生产用车管理工作流程如图 8-5 所示。

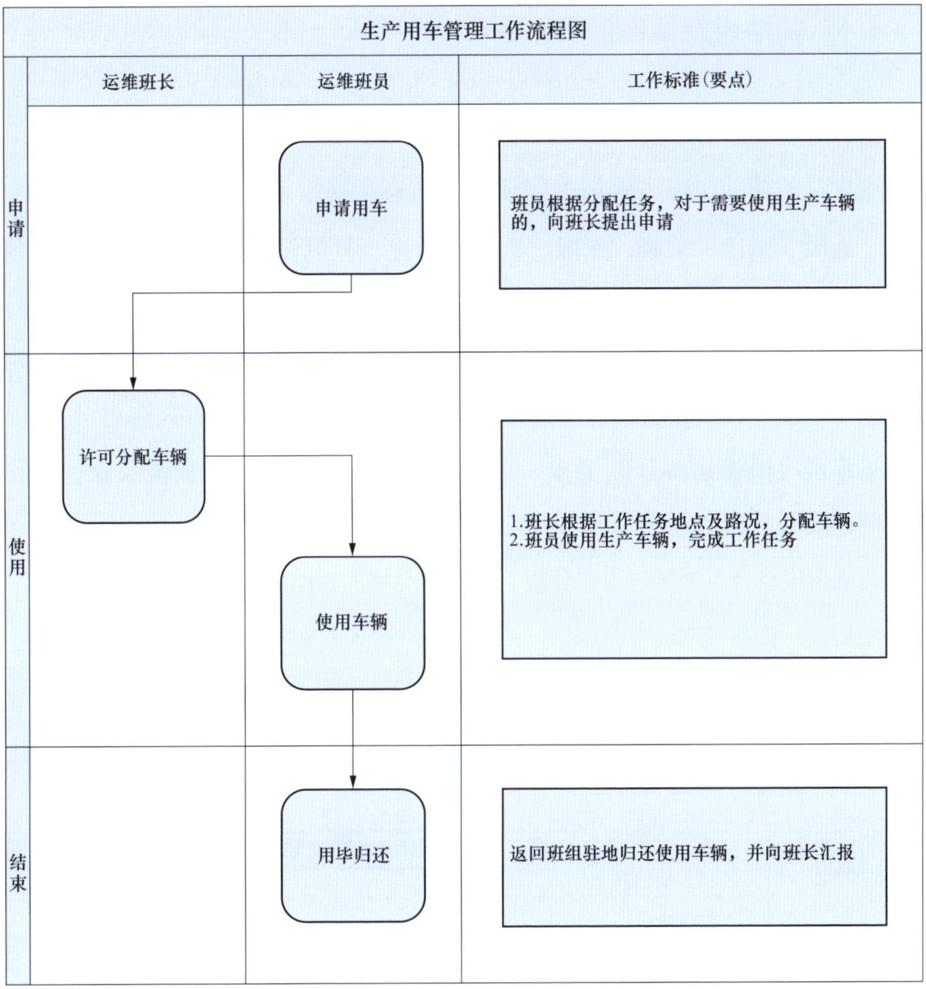

图 8-5　生产用车管理工作流程图

8.5.3　工作记录

生产用车使用记录模板见表 8-10。

表 8-10　　生产用车使用记录

车牌号：

出车时间	出车用途	驾驶员签字	出发公里数	返回公里数	返回时间

8.6 辅助设施管理标准化规范

8.6.1 业务概述

变电站的辅助设施主要指为保证变电站安全稳定运行而配备的安防、工业视频、通风、制冷、采暖、除湿、给排水系统、氧量仪和 SF_6气体泄漏报警仪、照明系统、道路、建筑物等。

变电站须具备完善的安防设施，应能实现安防系统运行情况监视、防盗报警等主要功能，相关报警信息应传送至调控中心。

运维班应根据运维计划要求，定期进行辅助设施维护、试验及轮换工作，发现问题及时处理。

运维班应结合本地区气象、环境、设备情况增加辅助设施检查维护工作频次。

8.6.2 业务流程

(1) 安防设施管理工作流程如图 8－6 所示。

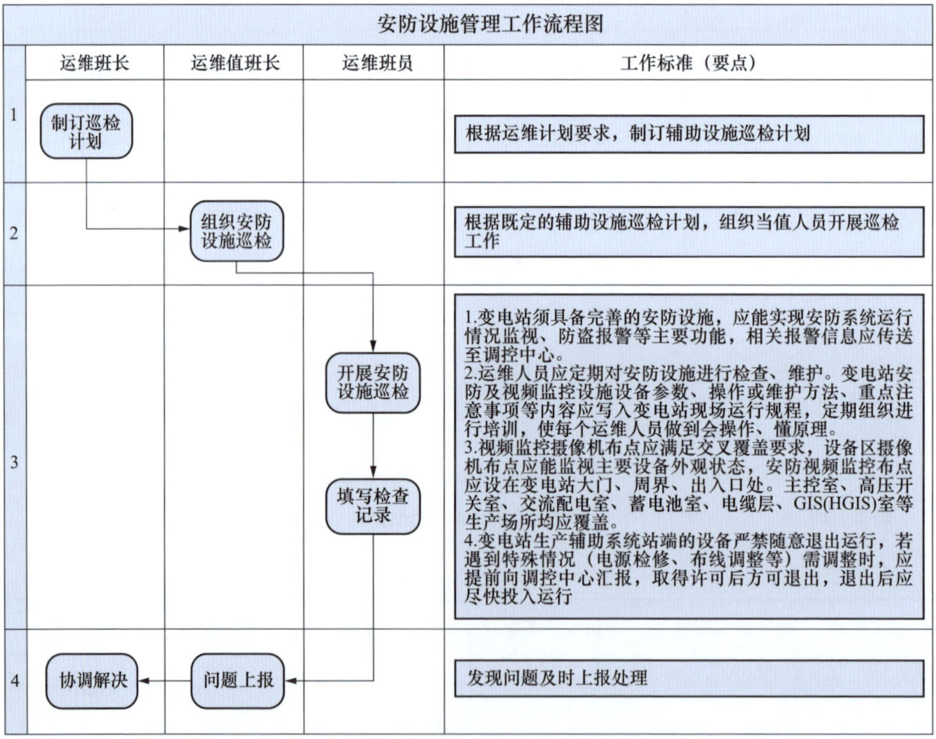

图 8－6 安防设施管理工作流程图

（2）采暖、通风、制冷、除湿设施管理工作流程如图 8－7 所示。

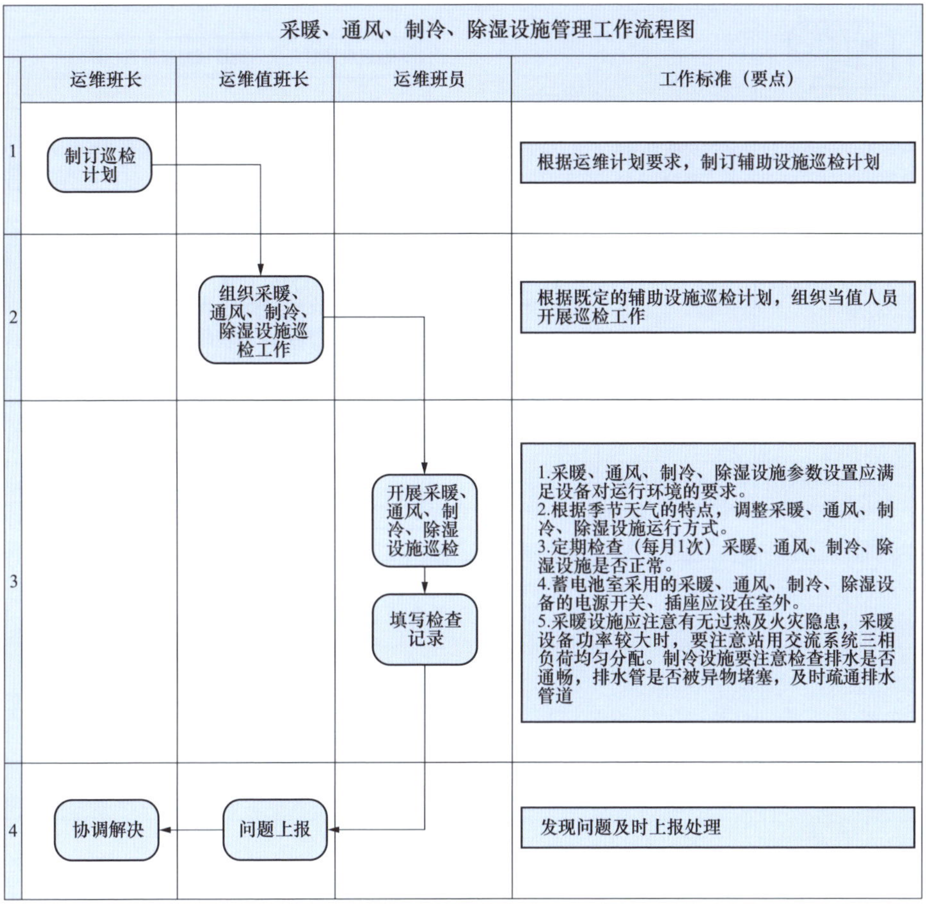

图 8－7　采暖、通风、制冷、除湿设施管理工作流程图

（3）照明系统管理工作流程如图 8－8 所示。

8.6.3　工作记录

辅助设施检查记录表模板见表 8－11。

表 8－11　　辅助设施检查记录表

设备名称	检查情况	检查日期	检查人	备注

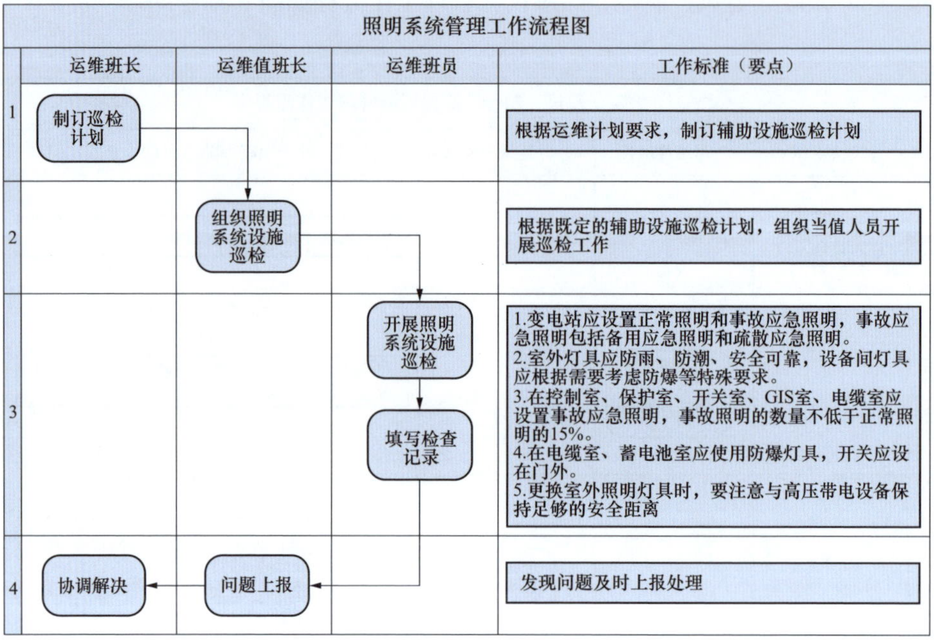

图 8-8 照明系统管理工作流程图

9 设备评价标准化规范

9.1 精益化管理评价标准化规范

9.1.1 业务概述

精益化管理评价是对变电设备验收、运维、检测、检修、反措执行及运检管理进行全面检查评价，全方位查找设备和运检管理薄弱环节，不断提升变电精益化管理水平和设备运行可靠性。精益化管理评价范围包括变电设备评价和变电运检管理评价。变电设备评价范围包括油浸式变压器（电抗器）、断路器、组合电器、隔离开关、开关柜、电流互感器、电压互感器、避雷器、并联电容器组、干式电抗器、串联补偿装置、母线及绝缘子、穿墙套管、电力电缆、消弧线圈、高频阻波器、耦合电容器、高压熔断器、中性点隔直装置、接地装置、端子箱及检修电源箱、站用变压器、站用交流电源系统、站用直流电源系统、构支架、辅助设施、土建设施、避雷针等28类设备。变电运检管理评价内容是变电五项通用制度的落实应用情况，包括组织工作、变电验收、变电运维、变电检测、变电评价和变电检修等六部分。

依据《国家电网公司变电评价管理规范（试行）》，对新安装的变电设备开展精益化管理工作，新投运的变电设备，交接验收前完成变电设备精益化评价工作，按照零缺陷投运要求，精益化评价问题及缺陷应在投运前整改完毕。

各单位应按照精益化管理评价细则，配合运维专业于每年8月前完成变电站设备逐台（相）自评价及评价档案建立工作。对评价中发现的问题要制订整改措施，落实责任人和整改期限，暂时无法整改的要制订预控措施，确保风险可控、在控、能控；需停电整改的问题，应列入年度检修工作计划；需落实资金整改的问题，应列入下一年度生产工程储备项目。

精益化管理评价由运维、检修、试验三个专业联合开展，由运维专业进行评价汇总。

9.1.2 业务流程

精益化管理评价工作流程如图 9－1 所示。

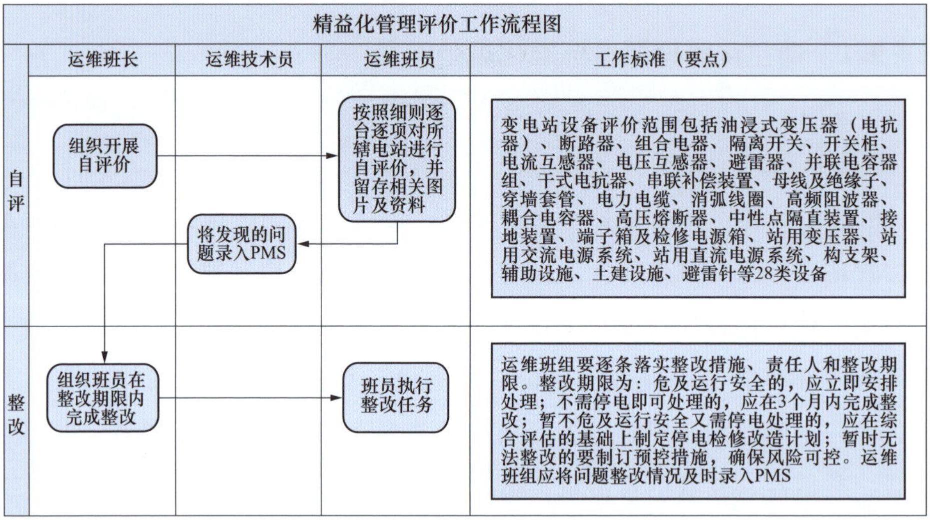

图 9－1 精益化管理评价工作流程图

9.1.3 工作记录

（1）变电站精益化检查问题明细表模板见表 9－1。

表 9－1 变电站精益化检查问题明细表

单位	电压等级（kV）	变电站名称	设备类型	设备运行编号	评判小项	问题描述	建议处理措施	排查专家	发现问题日期	是否已整改

填写说明：1. 设备类型按照《变电站精益化管理评价细则》中规定的二十八类设备（包括运检管理）标准名称填写，如油浸式变压器（电抗器）、组合电器、母线及绝缘子、变电站运维管理等。
2. 变电站电压等级直接填写数据，不用填写单位。如填写：500。
3. “是否已整改”列填写“是”或“否”。

（2）精益化管理评价自查汇总表模板见表 9－2。

表 9 - 2 精益化管理评价自查汇总表

公司名称	变电站名称	变电站电压等级（kV）	发现的问题数量	已整改的问题数量

填写说明：1. 本表中问题数量应与自查问题明细表数量一致。
2. 变电站电压等级直接填写数据，不用填写单位。如填写：500。

（3）精益化管理评价整改情况统计表模板见表 9 - 3。

9.1.4 精益化管理评价指导卡

按照《国家电网公司变电评价管理规定（试行）》［国网（运检/3）830—2017］执行，以断路器设备为例，断路器精益化评价指导卡模板见表 9 - 4。

9.2 设备年度状态评价标准化规范

9.2.1 业务概述

设备年度状态评价是综合专业巡视、带电检测、在线监测、例行试验、诊断性试验等各种技术手段，依据电网设备状态评价导则每年集中组织开展的变电设备状态评价工作。设备年度状态评价的目的是全面掌握设备运行状态，准确评价设备健康状况，科学制订设备检修策略，保证设备安全稳定运行。设备年度状态评价范围为交流变压器（油浸式高压并联电抗器）、SF_6 高压断路器、组合电器、隔离开关和接地开关、电流互感器、电压互感器、金属氧化物避雷器、并联电容器装置（集合式电容器装置）、开关柜、干式并联电抗器、交直流穿墙套管、消弧线圈装置、变电站防雷及接地装置、变电站直流系统、所用电系统等 15 类设备。这项工作由上级运检管理单位（部门）安排，抽调运维、检修、试验三个专业技术骨干开展，每年 5 月由试验专业牵头组织开展并出具评价报告，检修专业依据评价报告出具检修策略。

9.2.2 业务流程

年度状态评价工作流程如图 9 - 2 所示。

表 9－3

×××变电站精益化评价整改情况统计表

序号	变电站名称	油浸式变压器（电抗器）		断路器		组合电器		隔离开关		开关柜		电流互感器		电压互感器		避雷器		并联电容器组		干式并联电抗器		串联补偿装置		母线及绝缘子		穿墙套管		电力电缆		消弧线圈		高频阻波器		耦合电容器		高压熔断器		中性点隔直装置		接地装置		端子箱及检修电源箱		站用变压器		站用交流电源系统		站用直流电源系统		构支架		辅助设施		土建设施		避雷针		变电站运维管理	
		发现问题数量	已整改数量	发现问题数量	已整改数量	发现问题数量	已整改数量	发现问题数量	已整改数量	发现问题数量	已整改数量	发现问题数量	已整改数量	发现问题数量	已整改数量	发现问题数量	已整改数量	发现问题数量	已整改数量	发现问题数量	已整改数量	发现问题数量	已整改数量	发现问题数量	已整改数量	发现问题数量	已整改数量	发现问题数量	已整改数量	发现问题数量	已整改数量	发现问题数量	已整改数量	发现问题数量	已整改数量	发现问题数量	已整改数量	发现问题数量	已整改数量	发现问题数量	已整改数量	发现问题数量	已整改数量	发现问题数量	已整改数量	发现问题数量	已整改数量	发现问题数量	已整改数量	发现问题数量	已整改数量	发现问题数量	已整改数量	发现问题数量	已整改数量	发现问题数量	已整改数量	发现问题数量	已整改数量
合计																																																											
总体整改率及未整改原因																																																											

表 9-4 断路器精益化评价指导卡

断路器 主要信息	变电站名称	×××变电站	设备型号	
	运行编号		生产日期	
	制造厂家		投运日期	
得分（总分 80 分）			评分日期及签字	

序号	评判项目	评判小项	检查方式	检查结果	扣分原则	扣分值
一、技术资料（共计 10 分，扣完为止）					累计扣分：	
1	安装投运技术文件	采购技术协议或技术规范书	查阅资料（正式文件扫描版和复印版均可，试验项目按照设备出厂、投运时的相关标准执行）	□有 □没有	1）没有资料的，扣 0.1 分。 2）有资料的，但项目不齐全、不规范或内容错误的，发现 1 次扣 0.01 分，最多扣 0.05 分	
		出厂试验报告		□有 □没有	1）没有资料的，扣 0.2 分。 2）有资料的，但试验项目不齐全、不规范或内容错误的，发现 1 次扣 0.02 分，最多扣 0.1 分	
		交接试验报告		□有 □没有	1）没有资料的，扣 0.5 分。 2）有资料的，但试验项目不齐全、不规范或内容错误的，发现 1 次扣 0.05 分，最多扣 0.25 分。 3）试验结果与出厂试验报告有明显差异，未开展分析或进行处理的，发现 1 次扣 2 分	

续表

序号	评判项目	评判小项	检查方式	检查结果	扣分原则	扣分值
一、技术资料（共计10分，扣完为止）					累计扣分：	
1	安装投运技术文件	安装调试质量监督检查报告	查阅资料	□有　□没有	1）没有检查报告的，扣0.1分。 2）有报告的，但报告不齐全、不规范或内容错误的，发现1次扣0.01分，最多扣0.05分	
		设备监造报告	查阅资料（2007年之后出厂的330kV及以上电压等级设备）	□有　□没有	1）没有监造报告的，扣0.2分。 2）有报告的，但项目不齐全、不规范或内容错误的，发现1次扣0.02分，最多扣0.1分	
2	检修技术文件	检修记录	PMS检查或查阅资料（最近1次停电检修记录和最近1年的日常检修记录）	□有　□没有	1）没有资料、记录的，扣0.5分。 2）有资料、记录的，但资料不全，记录不规范或错误的，发现1次扣0.05分，最多扣0.25分	
		设备评价报告	PMS检查或查阅资料（近3年的定期评价和动态评价报告）	□有　□没有	1）没有资料、记录的，扣0.5分。 2）有资料、记录的，但资料不全，记录不规范或错误的，发现1次扣0.05分，最多扣0.25分	
3	技术档案	履历卡片	PMS检查或查阅资料	□有　□没有	1）没有资料，扣0.5分。 2）有资料的，但资料不全、不规范或错误的，发现1次扣0.05分，最多扣0.25分	

续表

序号	评判项目	评判小项	检查方式	检查结果	扣分原则	扣分值
3	技术档案	工程竣工图纸	查阅资料	□有 □没有	1）没有资料的，扣0.2分。 2）有资料的，但项目不齐全、不规范或内容错误的，发现1次扣0.02分，最多扣0.1分	
		设备说明书		□有 □没有	1）没有资料的，扣0.2分。 2）有资料的，但项目不齐全，发现1次扣0.02分，最多扣0.1分	
		诊断性试验记录（如有）	PMS检查或查阅资料	□有 □没有	1）进行了诊断性试验，但没有记录的，扣0.2分。 2）有记录，但存在明显不规范或内容错误的，发现1次扣0.02分，最多扣0.1分	
		红外检测记录	PMS检查或查阅资料（近1年红外检测记录）	□有 □没有	1）没有记录的，扣0.5分。 2）有记录的，但检测记录不齐全，未按周期开展检测的，发现一次扣0.1分，最多扣0.5分。 3）检测记录不规范或内容错误的，发现1次扣0.01分，最多扣0.2分	
		断路器保护和测量装置的校验记录	查阅资料（近一个检修周期内的记录）	□有 □没有	1）没有资料的，扣0.5分。 2）有资料的，但校验记录不齐全、不规范或内容错误的，未按周期进行校验的，发现1次扣0.05分，最多扣0.25分	
		断路器故障跳闸记录	PMS检查	□有 □没有	1）没有资料、记录的，扣0.5分。 2）有资料、记录的，但项目不齐全、不规范或内容错误的，发现1次扣0.05分，最多扣0.25分	

续表

序号	评判项目	评判小项	检查方式	检查结果	扣分原则	扣分值
3	技术档案	建立红外图谱库	PMS检查或查阅资料（核查近3年的图谱库，每年至少建立1次，应明确测试时间、设备名称、运行编号、负荷情况、环境条件，应检测断口及断口并联元件、引线接头、绝缘子等部位）	□有　□没有	1）未建立图谱库的扣0.5分。 2）建立图谱库的，资料不齐全或检测部位不完整的，缺少1项扣0.05分，最多扣0.25分（完整性由2015年开始检查）	
4	台账	设备基本信息	PMS检查录入是否规范、完整	□是　□否	必填项参数空缺或错误，发现1次扣0.05分，最多扣1分	
二、本体（共计20分，扣完为止）					累计扣分：	
5	外观	设备出厂铭牌齐全、清晰可识别	现场检查	□是　□否	1）无设备出厂铭牌的，扣0.5分。 2）设备铭牌存在锈蚀，不清晰部分超过1/3的，扣0.2分。 3）铭牌安装部位不合理，现场无法准确查看的，扣0.2分	
		运行编号齐全、清晰可识别		□是　□否	1）无设备运行编号的，运行编号无双重名称的，扣1分。 2）设备运行编号存在锈蚀，不清晰部分超过1/3的，扣0.5分	
		相序标志齐全、清晰可识别		□是　□否	1）无相序标示的，扣1分。 2）相序标示存在脱落、锈蚀、脏污等造成不清晰部分超过1/3的，单相扣0.2分，最多扣0.5分	

续表

序号	评判项目	评判小项	检查方式	检查结果	扣分原则	扣分值
5	外观	无异常声响	现场检查	□有 □没有	不符合要求的，扣1分	
		连接法兰和连接螺栓无锈蚀、无油漆变色、脱落现象		□有 □没有	1）锈蚀、油漆变色、脱落面积不应大于$400mm^2$，发现1次扣0.1分。 2）发现螺栓锈蚀的，扣0.1分。 3）以上两项相加最多扣0.5分	
		支架无锈蚀或变形	现场检查	□有 □没有	1）支架存在变形，锈蚀、变色、表层脱落面积不应大于$400mm^2$，发现1次扣0.1分。 2）发现螺栓锈蚀的，扣0.1分。 3）以上两项相加最多扣0.5分	
		接地引下线无锈蚀、无松动、无脱落		□有 □没有	1）锈蚀、变色、表层脱落面积不应大于$400mm^2$，发现1次扣0.1分。 2）螺栓锈蚀的，导电部位螺栓锈蚀，扣0.1分，非导电部位螺栓锈蚀，扣0.02分。 3）所有部位的锈蚀，最多扣0.5分	
		基础无沉降或损坏		□有 □没有	1）基础沉降、严重损坏扣1分。 2）损坏面积小于10%或裂缝深度小于1mm，扣0.5分	
		均压环无锈蚀、无变形、无破损		□有 □没有	1）存在明显变形、破损的，扣1分。 2）存在锈蚀（面积大于$400mm^2$）或螺栓锈蚀的一处扣0.1分，最多扣0.2分	

续表

序号	评判项目	评判小项	检查方式	检查结果	扣分原则	扣分值
5	外观	高压引线及一次接线端子连接处无松动、无变形、无开裂、无异常发热现象，压接型设备线夹，朝上 30°～90°（Φ400 及以上）安装时应配钻直径 6～8mm 的排水孔	现场检查	□有 □没有	未钻排水孔的，扣 1 分	
		合闸电阻、均压电容无渗液（如适用）		□有 □没有	不符合要求的，扣 1 分	
		瓷套管表面清洁，无破损、裂纹、放电痕迹，法兰无开裂现象；户外真空断路绝缘硅脂无渗漏	现场检查或查阅资料	□有 □没有	不符合要求的，扣 1 分	
		金属法兰与瓷件胶装部位粘合应牢固，防水胶应完好		□有 □没有	不符合要求的，扣 1 分	
		瓷套管爬电比距应满足所处地区的污秽等级，不满足污秽等级要求的需有防污闪措施		□有 □没有	不符合要求的，扣 1 分	
		增爬措施（伞裙、防污涂料）完好，伞群应无塌陷变形，表面无击穿、放电痕迹，粘接界面牢固；防污闪涂料涂层不应存在剥离、破损		□有 □没有	不符合要求的，扣 1 分	
		本体及支架无异物	现场检查	□有 □没有	不符合要求的，扣 1 分	
		带电显示装置是否清晰、正常（如适用）		□是 □否	不符合要求的，扣 1 分	

续表

序号	评判项目	评判小项	检查方式	检查结果	扣分原则	扣分值
6	SF_6密度继电器（压力表）	SF_6密度继电器、压力表外观无破损、无渗漏，压力指示正常（压力应处于允许范围内）	现场检查	□是 □否 现场压力值：____MPa 报警压力值：____MPa	不符合要求的，扣1分	
		户外SF_6密度继电器应设置防雨罩，防雨罩应能保护密度继电器及控制电缆接线端子，防止控制电缆接线盒和充放气接口进水受潮		□是 □否	不符合要求的，扣1分	
		交接并定期校验	记录检查	□有 □没有	1）无交接、定期校验报告的，扣1分。 2）校验报告存在明显数据错误的，发现一处扣0.1分，最多扣0.5分	
7	断路器绝缘拉杆	断路器绝缘拉杆不应采用螺旋式连接结构	记录检查	□有 □没	1）不符合要求且无整改计划的，扣6分。 2）不符合要求，有整改计划但暂未实施的，扣3分	
8	设备缺陷情况	评价人员新发现本体或附件存在严重及以上缺陷	现场检查并进行PMS核查（不含本细则已列条款及PMS已填报缺陷）	□有 □没有	不符合要求的，发现1次扣2分	
三、操动机构（共计15分，扣完为止）					累计扣分：	

续表

序号	评判项目	评判小项	检查方式	检查结果	扣分原则	扣分值
9	外观	操动机构出厂铭牌齐全、清晰可识别	现场检查	□是 □否	1）无设备出厂铭牌的，扣0.5分。 2）设备铭牌存在锈蚀、不清晰部分超过1/3的，扣0.2分。 3）铭牌安装部位不合理，现场无法准确查看的，扣0.2分	
		弹簧机构无锈蚀、无裂纹、无断裂，缓冲器无渗漏		□是 □否	不符合要求的，扣1分	
		液压机构油压正常，无渗漏油；气动机构气压正常（压力应处于允许范围内）		□是 □否	不符合要求的，扣1分	
		分、合闸位置指示清晰正确，计数器清晰正常，计数器采用不可复归（允许三相计数不一致）	现场检查	□是 □否	不符合要求的，扣1分	
		储能指示正常，打压电机运行正常，外壳无锈蚀		□是 □否	1）无储能指示、指示存在明显错误的，电机运转不正常的扣1分。 2）外壳锈蚀（大于$400mm^2$）、螺栓锈蚀的发现一处扣0.1分，最多扣0.5分	
		传动连杆及其他外露零件无锈蚀，连接紧固		□是 □否	1）锈蚀面积大于$400mm^2$、螺栓锈蚀的发现一处扣0.1分，最多扣0.5分。 2）连接不紧固的，扣1分	

续表

序号	评判项目	评判小项	检查方式	检查结果	扣分原则	扣分值
9	外观	机构箱密封良好、无变形、无锈蚀，箱内无水迹，箱内照明灯应完好，机构箱接地应可靠	现场检查	□是 □否	1）机构箱密封、变形问题不符合要求的，扣1分。 2）机构箱存在积水、凝露的，扣1分。 3）机构箱接地不符合要求的，扣1分。 4）箱内照明灯不符合要求的，扣1分。 5）锈蚀面积大于400mm^2、螺栓锈蚀的发现一处扣0.1分，最多扣0.5分	
		箱内端子排无锈蚀，二次电缆绝缘层无变色、老化、损坏现象，电缆号头、走向标示牌无缺失现象，二次电缆穿入机构箱处应封堵完好		□是 □否	1）端子排存在锈蚀的，发现一处扣0.01分，最多扣0.1分。 2）二次电缆绝缘层存在变色、老化、损坏现象的，发现一处扣0.01分，最多扣0.1分。 3）电缆号头、走向标示牌存在缺失现象，发现一处扣0.2分，最多扣1分。 4）二次电缆穿入机构箱处应封堵不符合要求的，扣1分	
		二次接线无松动、无损坏	现场检查	□是 □否	发现一处扣0.2分，最多扣1分	
		机构箱内二次元器件完好，可操作的二次元器件应有中文标志并齐全正确		□是 □否	发现一处扣0.2分，最多扣1分	
		由断路器本体机构箱至就地端子箱之间的二次电缆的屏蔽层应在就地端子箱处可靠连接至等电位接地网的铜排上，在本体机构箱内不接地		□是 □否	不符合要求的，扣1分	

续表

序号	评判项目	评判小项	检查方式	检查结果	扣分原则	扣分值
9	外观	机构箱内无异物、无遗留工具和备件	现场检查	□是 □否	不符合要求的，扣 1 分	
		机构箱内应有完善的加热驱潮装置，能正常启动，箱内无凝露现象，若使用加热器与各元件、电缆及电线的距离应大于 50mm		□是 □否	不符合要求的，扣 1 分；未安装两种加热器（一种为驱潮防潮设计，应长期投入，功率一般较小，另一种为加热电源，在温度低于设定值投入），不扣分	
		“远方/就地”“合闸/分闸”控制把手外观无异常，操作功能正常	现场检查及查阅资料	□是 □否	不符合要求的，扣 1 分	
		辅助开关转动灵活，接点到位，功能正常	查阅检修报告	□是 □否	不符合要求的，扣 1 分	
10	储能电机	储能时间符合厂家标准要求	查阅资料	□是 □否 初值：____s 试验值：____s	试验结果超标的，扣 1 分	
四、引线及线夹（共计 5 分，扣完为止）					累计扣分：	
11	引线及线夹	抱箍、线夹无裂纹、过热现象	现场检查	□是 □否	不符合要求的，扣 1.5 分	
		不应使用铜铝对接过渡线夹，若使用需已制订更换计划	现场检查或查阅资料	□是 □否	不符合要求的，扣 1 分	
		引线无散股、扭曲、断股现象	现场检查	□是 □否	不符合要求的，扣 1 分	
		设备与引线连接可靠，各电气连接处力矩检查合格	现场检查及查阅资料	□是 □否	不符合要求的，扣 1 分	

续表

序号	评判项目	评判小项	检查方式	检查结果	扣分原则	扣分值
五、例行试验（共计 15 分，扣完为止）					累计扣分：	
12	试验周期	是否按周期进行试验	PMS 检查或现场查资料	□是 □否	未按要求周期进行试验的，发现 1 次扣 2 分	
	二次回路绝缘电阻	应无显著下降，不低于 2MΩ	PMS 检查或查阅资料（最近 1 次例行试验）	□是 □否 电阻值：____MΩ	试验结果超标的，扣 2 分	
	分合闸线圈试验	合闸线圈、分闸线圈绝缘正常：1000V 电压下测量绝缘电阻应不小于 10MΩ	PMS 检查或查阅资料（最近 1 次例行试验）	□是 □否 合闸线圈绝缘电阻：____MΩ 分闸线圈绝缘电阻：____MΩ	试验结果超标的，扣 2 分	
		合闸线圈、分闸线圈直流电阻检测结果应符合设备技术文件要求，没有明确要求时，直流电阻与初始值的偏差不超过 5%		□是 □否 合闸线圈直流电阻：____Ω 合闸线圈厂家值：____Ω 分闸线圈直流电阻：____Ω 分闸线圈厂家值：____Ω	试验结果超标的，扣 2 分	
	导电回路电阻测量	符合技术协议和制造厂规定	PMS 检查或查阅资料（最近 1 次例行试验）	□是 □否 出厂值：____μΩ 试验值：____μΩ 注意值：____μΩ	试验结果超标的，扣 2 分	
	操作电压试验	合闸脱扣器应能在额定电压的 85%～110%范围内可靠动作。在使用电磁机构时，合闸电磁铁线圈通流时的端电压为操作电压额定值的 80%（关合峰值电流等于或大于 50kA 时为 85%）时应可靠动作	PMS 检查或查阅资料（最近 1 次例行试验）	□是 □否 额定电压：____V	试验结果超标的，扣 2 分	

续表

序号	评判项目	评判小项	检查方式	检查结果	扣分原则	扣分值
12	操作电压试验	分闸脱扣器应在额定电压的 65%～110%（直流）或 85%～110%（交流）范围内可靠动作	PMS 检查或查阅资料（最近 1 次例行试验）	□是 □否 额定电压：____V	试验结果超标的，扣 2 分	
		当电源电压低至额定值的 30%时不应脱扣		□是 □否 最低动作电压：____V 额定电压：____V	试验结果超标的，扣 2 分	
	机械特性	分合闸同期性符合制造厂规定值	PMS 检查或查阅资料（最近 1 次例行试验）	□是 □否 分闸不同期：____ms 合闸不同期：____ms	试验结果超标的，扣 2 分	
		合闸时间、分闸时间、合分时间符合制造厂规定值		□是 □否 合闸时间____ms 分闸时间____ms 合分时间____ms	试验结果超标的，扣 2 分	
	均压电容试验	1. 电容量和介质损耗值合格：电容量初值差不超过 5%（警示值）。 2. 介质损耗因数：油浸纸不大于 0.005，膜纸复合不大于 0.0025（注意值）(如适用)	PMS 检查或查阅资料（最近 1 次例行试验）	□是 □否 电容量：____ 介质损耗：____	试验结果超标的，扣 2 分	
	合闸电阻试验	电阻阻值初值差不超过 5%（注意值）（如适用）	PMS 检查或查阅资料（最近 1 次例行试验）	□是 □否 电阻值：____Ω 初值：____Ω 初值差：____%	试验结果超标的，扣 2 分	

续表

序号	评判项目	评判小项	检查方式	检查结果	扣分原则	扣分值
12	SF_6气体	SF_6气体湿度小于 300 μL/L	PMS 检查或查阅资料（最近 1 次例行试验）	□是 □否 SF_6气体湿度值：____%	试验结果超标的，扣 2 分	
六、反措执行（共计 15 分，扣完为止）					累计扣分：	
13	反措执行	二次回路不应采用 RC 加速设计	现场检查及查阅资料	□是 □否	不满足要求的，扣 6 分	
		气动装置应装气水分离机构（如适用）		□是 □否	不满足要求的，扣 6 分	
		SF_6补气间隔超过一年 2 次后是否采取措施或处理		□是 □否	不满足要求的，扣 6 分	
		基建、安装阶段，SF_6气体必须经 SF_6气体质量监督管理中心抽检合格，并出具检测报告后方可使用		□是 □否	不满足要求的，扣 6 分	
		断路器安装后必须对其二次回路中的防跳继电器、非全相继电器进行传动，并保证在模拟手合于故障条件下断路器不会发生跳跃现象		□是 □否	不满足要求的，扣 6 分	
		断路器短路电流开断能力是否满足安装地点的最新要求	查阅资料	□是 □否	不满足要求的，扣 6 分	

续表

序号	评判项目	评判小项	检查方式	检查结果	扣分原则	扣分值
13	反措执行	应加强运行中罐式断路器的带电局部放电检测工作。在A类或B类检修后应进行局部放电检测，在大负荷前、经受短路电流冲击后必要时应进行局部放电检测，对于局部放电量异常的设备，应同时结合 SF_6 气体分解物检测技术进行综合分析和判断	查阅资料	□是 □否	未按要求开展，扣6分	
		为防止运行断路器绝缘拉杆断裂造成拒动，在新装和例行试验时应检查分合闸缓冲器，防止由于缓冲器性能不良使绝缘拉杆在传动过程中受冲击，同时应加强监视分合闸指示器与绝缘拉杆相连的运动部件相对位置有无变化，定期进行合、分闸行程曲线测试，在新装和大修后进行合、分闸行程曲线测试	查阅资料	□是 □否	未按要求开展，扣6分	
		对处于严寒地区、运行10年以上的罐式断路器，应结合例行试验对瓷套管法兰浇装部位防水层完好情况进行检查，必要时应重新复涂防水胶	查阅资料	□是 □否	未按要求开展，扣6分	

续表

序号	评判项目	评判小项	检查方式	检查结果	扣分原则	扣分值
13	反措执行	110～220kV 进出线走廊在距变电站 15km 范围内穿越雷电活动频繁的丘陵或山区应加装出线避雷器	现场检查及查阅处理记录	□是 □否	不满足要求的，扣 6 分	
		当断路器大修时，应检查液压（气动）机构分、合闸阀的阀针是否松动或变形，防止由于阀针松动或变形造成断路器拒动	现场检查	□是 □否	未按要求开展，扣 6 分	
		弹簧机构断路器在新装和大修后应进行机械特性测试，包括分（合）闸速度、分（合）闸时间、分（合）闸不同期性、机械行程和超程、行程特性曲线等	检查试验记录	□是 □否	不满足要求的，扣 6 分	

评分说明：1. 断路器以台为单位（每相为 1 台，若三相同体，计为 1 台），每台设备分别根据评分表进行评分，该类设备得分＝该类所有设备总得分/该类设备台数。

2. 无功补偿系统和站用电系统的非开关柜式、GIS、充气柜式断路器（110、66、35、10kV），根据本评分表进行评分。

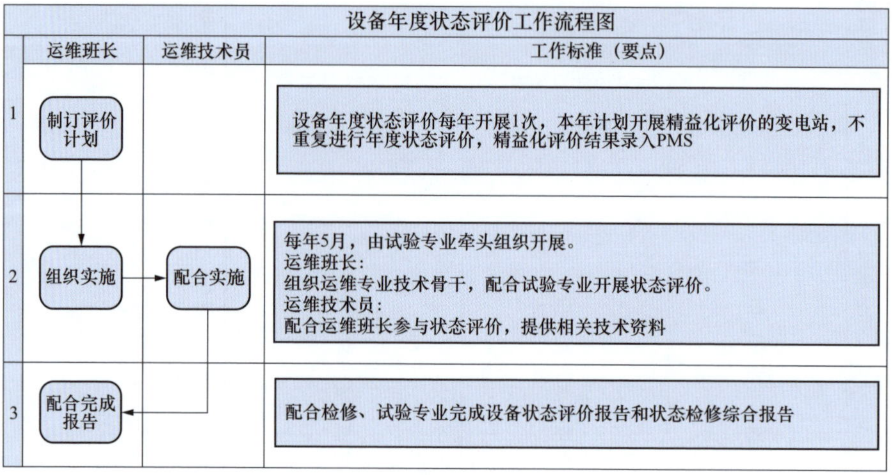

图 9－2　设备年度状态评价工作流程图

9.2.3　工作记录

（1）设备年度状态评价报告模板见表 9－5。

表 9－5　　变压器（电抗器）年度状态评价报告（样例）

设备资料	变电站		运行编号		设备型号	
	额定容量（MVA）		电压组合		额定电压（kV）	
	额定电流（A）		绕组型式		冷却方式	
	出厂日期		出厂编号		投运日期	
	生产厂家				上次检修分类	
	上次检修日期		上次试验日期		上次试验性质	
变压器（电抗器）上次整体评价结果/时间			/			
部件评价结果						
评价指标	本体	套管	分接开关	冷却系统	非电量保护	
单项最大扣分						
合计扣分						
状态定级						

续表

诊断试验情况	待诊断状态量				
	诊断结果				
变压器（电抗器）整体评价结果（诊断后）					
扣分状态量状态描述					
检修建议	评价时间：		评价人：		审核：
评价结果					
□正常状态 □注意状态 □异常状态 □严重状态					

（2）设备状态统计表模板见表9－6。

表9－6　　设备状态统计表　　台/条

设备类型	110（66）kV设备数量					220kV设备数量					500（330）kV设备数量					合计					各种状态设备所占比例（%）			
	总数	正常状态	注意状态	异常状态	严重状态	总数	正常状态	注意状态	异常状态	严重状态	总数	正常状态	注意状态	异常状态	严重状态	总数	正常状态	注意状态	异常状态	严重状态	正常状态	注意状态	异常状态	严重状态
变压器（电抗器）																								
断路器																								
组合电器																								
隔离开关																								
避雷器																								
……																								
共计																								

（3）需要停电检修设备评价统计表模板见表9－7。

表9－7　　××××年评价需要停电检修设备统计表　　台/套

设备类型	110（66）kV设备数量				220kV设备数量				500（330）kV设备数量				××年检修合计				各类检修占停电检修总数比例（%）			变电一次设备总数	××年停电检修比例（%）
	总数	A类检修	B类检修	C类检修	总数	A类检修	B类检修	C类检修	总数	A类检修	B类检修	C类检修	总数	A类检修	B类检修	C类检修	A类检修	B类检修	C类检修		
变压器（电抗器）																					
断路器																					

续表

设备类型	110（66）kV设备数量				220kV设备数量				500（330）kV设备数量				××年检修合计				各类检修占停电检修总数比例（%）			变电一次设备总数	××年停电检修比例（%）
	总数	A类检修	B类检修	C类检修	总数	A类检修	B类检修	C类检修	总数	A类检修	B类检修	C类检修	总数	A类检修	B类检修	C类检修	A类检修	B类检修	C类检修		
组合电器																					
隔离开关																					
避雷器																					
⋮																					
共计																					

（4）逐站评价表模板见表9-8。

表9-8　逐站评价表

<table>
<tr><td>变电站名称</td><td colspan="2"></td><td>电压等级</td><td></td></tr>
<tr><td>评价设备数量
（台、组、套）</td><td colspan="2"></td><td>评价时间</td><td></td></tr>
<tr><td colspan="5">分类评价结果（台）</td></tr>
<tr><td>设备状况</td><td>正常状态</td><td>注意状态</td><td>异常状态</td><td>严重状态</td></tr>
<tr><td>设备数量</td><td></td><td></td><td></td><td></td></tr>
<tr><td>各状态所占百分比</td><td></td><td></td><td></td><td></td></tr>
<tr><td>注意状态设备原因分析</td><td colspan="4"></td></tr>
<tr><td>异常状态设备原因分析</td><td colspan="4"></td></tr>
<tr><td>严重状态设备原因分析</td><td colspan="4"></td></tr>
<tr><td>设备风险分析</td><td colspan="4"></td></tr>
<tr><td>根据基建、技改、停电计划、可靠性，需要修正周期的设备及原因说明</td><td colspan="4"></td></tr>
<tr><td>检修决策</td><td colspan="4"></td></tr>
<tr><td>备注</td><td colspan="4"></td></tr>
</table>

（5）变电站设备状态检修综合报告模板如下。

××年××变电站设备状态检修综合报告

一、设备基本情况

××变电站（开关站）、××变电站（开关站）等××座变电站共有主变压器××台（总容量××MVA），电抗器××台，组合电器××个间隔，断路器××组，隔离开关××组，避雷器××台，电压互感器××台。

二、设备状态评价情况

××变电站（开关站）、××变电站（开关站）等××座变电站中，××台换流变压器评价为严重状态，××台换流变压器评价为异常状态，××台并联电抗器评价为异常状态，××台断路器评价为严重状态。异常、严重状态设备的详细评价情况见设备状态评价报告。

9.2.4 设备状态评价指导卡

按照《国家电网公司输变电设备状态评价导则》执行，以隔离开关和接地开关设备为例，评价标准见表9-9～表9-11。

表9-9 隔离开关和接地开关状态量扣分值

状态量状态	基本扣分 / 权重系数	1	2	3	4
Ⅰ	2	2	4	6	8
Ⅱ	4	4	8	12	16
Ⅲ	8	8	16	24	32
Ⅳ	10	10	20	30	40

表9-10 隔离开关和接地开关状态量与评价扣分对应表

正常状态	注意状态		异常状态	严重状态
合计扣分	合计扣分	单项扣分	单项扣分	单项扣分
<30	≥30	12～16	20～24	≥30

表9-11 隔离开关和接地开关状态量评价标准

序号	状态量		劣化程度	基本扣分	判断依据	权重系数	扣分值（基本扣分×权重）
	分类	状态量名称					
1	家族缺陷	同厂、同型、同期设备的故障信息	Ⅱ	4	一般缺陷未整改	2	
			Ⅳ	10	严重缺陷未整改		
2	外绝缘水平	爬电比距	Ⅳ	10	不满足最新污秽等级要求且没有采取防污闪措施	3	
		爬电系数	Ⅳ	10	不满足要求		

续表

序号	状态量		劣化程度	基本扣分	判断依据	权重系数	扣分值（基本扣分×权重）
	分类	状态量名称					
3	运行巡检	导电回路放电	Ⅲ	8	出现异常放电声	2	
4		累计机械操作次数	Ⅳ	10	超过制造厂规定值	4	
5		瓷柱污染	Ⅱ	4	瓷柱外表有明显污秽	3	
			Ⅳ	10	瓷柱外表有严重污秽		
6		瓷柱破损	Ⅰ	2	瓷柱有轻微破损		
			Ⅱ	4	瓷柱有较严重破损，但破损不影响短期运行		
			Ⅳ	10	瓷柱有严重破损或裂纹		
7		瓷柱放电	Ⅰ	2	瓷柱外表面有轻微放电或轻微电晕		
			Ⅳ	10	瓷柱外表面有明显放电或较严重电晕		
8		导电回路	Ⅱ	4	导体出现腐蚀现象	3	
9		一次接线端子	Ⅲ	8	出现裂纹或破损	3	
10		传动部件	Ⅲ	8	分合闸不到位，存在卡涩现象	2	
			Ⅲ	8	出现裂纹、紧固件松动等现象		
11		机构箱密封	Ⅰ	2	密封不良	3	
			Ⅳ	10	密封不良，箱内有积水		
12		基础及支架：基础破损	Ⅳ	10	基础有严重破损或开裂	1	
		基础及支架：基础下沉	Ⅲ	8	基础有轻微下沉或倾斜	4	
			Ⅳ	10	基础有严重下沉或倾斜，影响设备安全运行		
		基础及支架：支架锈蚀	Ⅳ	10	支架有严重锈蚀	1	
		基础及支架：支架松动	Ⅳ	10	支架有松动或变形	3	
13		红外热像检测	Ⅲ	8	触头及设备线夹等部位温度为90～130℃，或相对温差为80%～95%时	4	
			Ⅳ	10	触头及设备线夹等部位温度大于130℃，或相对温差大于95%时		

续表

序号	状态量		劣化程度	基本扣分	判断依据	权重系数	扣分值（基本扣分×权重）
	分类	状态量名称					
14		加热器、动作计数器、机械指示状态	Ⅰ	2	不能投入或失灵	1	
15		均压环	Ⅳ	10	严重锈蚀、变形、破损	2	
16		软连接	Ⅰ	2	连接断片或松股小于5%	2	
			Ⅱ	4	连接断片或松股超过5%，但小于20%		
17		设备标牌	Ⅱ	4	设备编号标识不齐全或模糊不能辨识	1	
18		其他	Ⅰ	2			
19	试验	二次回路绝缘电阻	11	4	二次回路绝缘电阻低于2MΩ	3	
20		导电回路电阻测量	Ⅰ	2	为制造厂规定值的1.2～1.5倍或与历史数据比较有明显增加	3	
			Ⅱ	4	为制造厂规定值的1.5～3.0倍		
			Ⅲ	8	超过制造厂规定值的3.0倍		
21		辅助开关	Ⅱ	4	出现卡涩或接触不良	3	
			Ⅲ	8	切换不到位		
22		分、合闸操作状况	Ⅳ	10	分合不到位	4	
			Ⅰ	2	三相同期性不满足要求	4	
			Ⅱ	4	电动操作失灵	4	
			Ⅰ	2	机构电动机出现异常声响现象	4	
23		超声波探伤	Ⅱ	4	瓷柱内存在裂纹长度小于5mm	4	
			Ⅳ	10	瓷柱内存在裂纹长度超过5mm	4	
24		机械连锁和传动	Ⅳ	10	机械连锁性能不可靠；机械传动、分合不到位	4	
25		其他	Ⅰ	2			

9.3 设备动态评价标准化规范

9.3.1 业务概述

设备动态评价是设备重要状态量发生变化后开展的评价，主要类别为新设备首次评价、缺陷评价、经历不良工况后评价、带电检测异常评价和检修后评价。设备动态评价的目的是及时掌握设备状态变化情况，动态调整设备检修策略，迅速有效处理设备状态异常。

设备重要状态量发生变化时，应立即向上级运检管理单位（部门）报告，并开展动态评价。

不良工况后、带电检测异常评价应在 1 周内完成。

检修后评价应在工作结束后 2 周内完成。

新设备首次评价应在设备投运后 1 个月内组织开展，在 3 个月内完成。

变电设备缺陷评价具体要求如下：

（1）危急缺陷应立即开展动态评价工作，迅速制订检修决策措施，防止出现处理不及时而造成设备事故。

（2）严重缺陷应在 24h 内完成动态评价，并制订检修策略，避免出现设备进一步损害和造成事故。

（3）一般缺陷应在 1 周内完成动态评价，并制订检修策略。

9.3.2 业务流程

设备动态评价工作流程如图 9 - 3 所示。

9.3.3 工作记录

设备动态评价报告模板见表 9 - 12。

表 9 - 12　设备动态评价报告

设备资料	变电站		运行编号		设备型号	
	生产厂家		额定电压（kV）		额定电流（A）	
	额定短路开断电流（kA）		机构型式		出厂编号	
	出厂日期		投运日期		上次检修日期	
	上次检修分类			上次检修日期		
	上次试验日期			上次试验性质		

续表

部件评价结果				
评价指标				
单项最大扣分				
合计扣分				
状态				
断路器整体评价结果（诊断后）				
扣分状态量描述				
检修建议				
评价结果				
□正常状态　□注意状态　□异常状态　□严重状态				

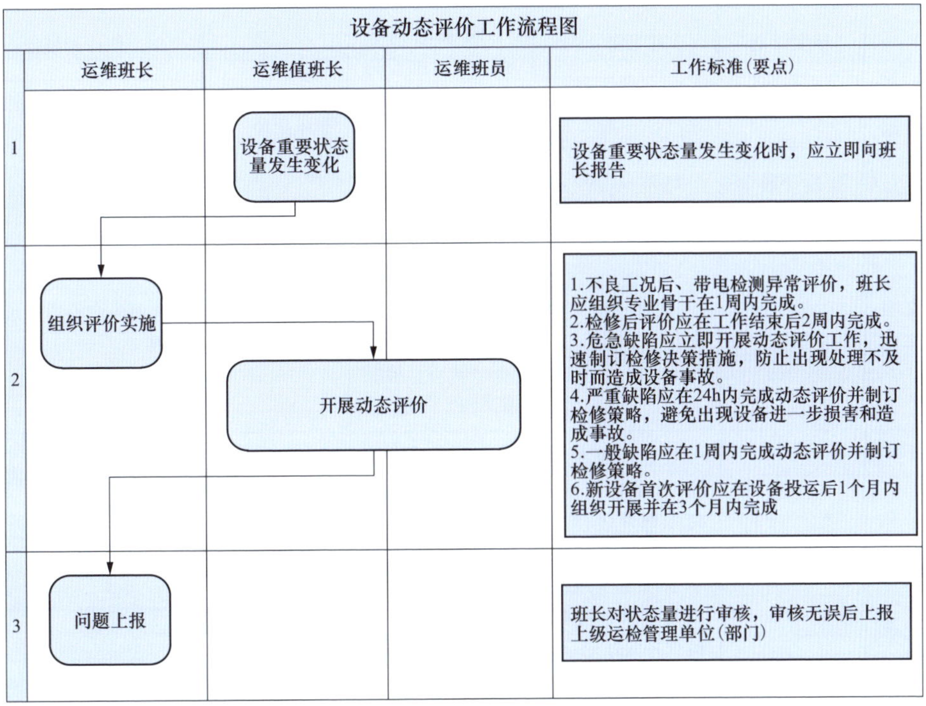

图 9－3　设备动态评价工作流程图

附录A 运维业务规范化清单

工作项目	工作小项	完成时间或周期	依据	工作流程	工作记录标准
交接班	轮班制值班模式	交接班时	《国家电网公司变电运维管理规定（试行）》［国网（运检/3）828—2017］第五章第四十四条	轮班制值班模式交接班工作流程	变电运维交接班记录模板
	“2+N”值班模式			“2+N”值班模式交接班工作流程	
运维计划	年度计划	1月上旬	《国家电网公司变电运维管理规定（试行）》［国网（运检/3）828—2017］第五章第四十五条	运维计划工作流程	年工作计划模板
	月计划	每月1号			月工作计划模板
	周计划	每周一			周工作计划模板
文明生产		该项为日常工作	《国家电网公司变电运维管理规定（试行）》［国网（运检/3）828—2017］第五章第四十六条	文明生产工作流程	文明生产检查记录模板
台账及运维记录		专业管理人员应对运维记录、台账每月进行审核，运维单位每季度应至少组织1次记录、台账检查并做好记录。新建变电站设备台账应在投运前一周内录入PMS	《国家电网公司变电运维管理规定（试行）》［国网（运检/3）828—2017］第二十一章	台账及运维记录工作流程	变电运维工作日志模板
					设备巡视记录模板
					设备缺陷记录模板
档案资料管理		该项为日常工作	《国家电网公司变电运维管理规定（试行）》［国网（运检/3）828—2017］第二十二章	档案资料管理工作流程	档案资料检查记录模板
					设备载流参数表模板
					档案检查卡模板

续表

工作项目	工作小项	完成时间或周期	依 据	工作流程	工作记录标准
技术培训		专业管理人员、运维人员每年至少参加1次变电设备运维管理规定及细则培训	《国家电网公司变电运维管理规定（试行）》［国网（运检/3）828—2017］第二十九章	技术培训工作流程	员工培训教案模板
		运维人员每月至少进行1次变电运维相关技术、技能培训			员工培训记录模板
		运维班应每月开展1次事故预想，每季度开展1次反事故演习			
安全活动		每周五	《国家电网公司安全生产管理规定》	安全活动工作流程	安全活动记录模板
运维分析	综合分析	每月开展1次	《国家电网公司变电运维管理规定（试行）》［国网（运检/3）828—2017］第二十章	运维分析工作流程	运维分析记录模板
	专题分析	每季度开展1次			
生产准备	落实运维责任	新建变电站核准后1个月内	《国家电网公司变电运维管理规定（试行）》［国网（运检/3）828—2017］第六章	生产准备工作流程	专用工器具及备品备件移交清单模板
	配备足够数量的仪器仪表、工器具、安全工器具、备品备件等。做好检验、入库工作，建立实物资产台账	工程投运前1个月			
	完成变电站现场运行专用规程的编写、审核与发布，相关生产管理制度、规范、规程、标准配备齐全	工程投运前1周			

续表

工作项目	工作小项	完成时间或周期	依据	工作流程	工作记录标准
生产准备	设备台账、主接线图等信息按照要求录入PMS	工程投运前1周	《国家电网公司变电运维管理规定（试行）》［国网（运检/3）828—2017］第六章	生产准备工作流程	专用工器具及备品备件移交清单模板
	完成设备标志牌、相序牌、警示牌的制作和安装	变电站投运前1周			
	工程竣工资料完成移交	工程竣工后3个月内			
设备验收	基建工程	新建、扩建、大（小）修、预试、校验时	《国家电网公司变电验收管理规定》《国家电网公司生产准备及验收管理规定》	设备验收管理工作流程（基建工程）	关键点见证记录模板 出厂验收记录模板 到货验收记录模板 隐蔽工程验收记录模板 中间验收记录模板 竣工（预）验收及整改记录模板 工程遗留问题记录模板 工程遗留问题跟踪复验记录模板 重大问题反馈联系单模板 设备验收标准卡
	技改工程			设备验收管理工作流程（技改工程）	
运行规程		每年1次复审、修订；每5年1次全面修订、审核印发	《国家电网公司变电运维管理规定（试行）》［国网（运检/3）828—2017］第七章	专用规程工作流程	变电站现场运行规程编制（修订）审批表模板
					变电站现场运行专用规程模板

续表

工作项目	工作小项	完成时间或周期	依　　据	工作流程	工作记录标准
例行巡视		一类变电站每2天不少于1次；二类变电站每3天不少于1次；三类变电站每周不少于1次；四类变电站每2周不少于1次	《国家电网公司变电运维管理规定（试行）》［国网（运检/3）828—2017］第八章第六十三条	例行巡视工作流程	例行巡视记录模板
					设备例行巡视标准化作业指导卡
熄灯巡视		每月不少于1次	《国家电网公司变电运维管理规定（试行）》［国网（运检/3）828—2017］第八章第六十三条	熄灯巡视工作流程	熄灯巡视记录模板
					设备熄灯巡视标准化作业指导卡
特殊巡视		1）大风后。 2）雷雨后。 3）冰雪、冰雹后、雾霾过程中。 4）新设备投入运行后。 5）设备经过检修、改造或长期停运后重新投入系统运行后。 6）设备缺陷有发展时。 7）设备发生过负载或负载剧增、超温、发热、系统冲击、跳闸等异常情况。 8）法定节假日、上级通知有重要保供电任务时。 9）电网供电可靠性下降或存在发生较大电网事故（事件）风险时段	《国家电网公司变电运维管理规定（试行）》［国网（运检/3）828—2017］第八章第六十三条	特殊巡视工作流程	特殊巡视记录模板
					设备特殊巡视标准化作业指导卡

续表

工作项目	工作小项	完成时间或周期	依据	工作流程	工作记录标准
全面巡视		一类变电站每周不少于1次；二类变电站每15天不少于1次；三类变电站每月不少于1次；四类变电站每2月不少于1次	《国家电网公司变电运维管理规定（试行）》[国网（运检/3）828—2017]第八章第六十三条	全面巡视工作流程	全面巡视记录模板 设备全面巡视标准化作业指导卡
专业巡视		一类变电站每月不少于1次；二类变电站每季度不少于1次；三类变电站每半年不少于1次；四类变电站每年不少于1次	《国家电网公司变电运维管理规定（试行）》[国网（运检/3）828—2017]第八章第六十三条	专业巡视工作流程	专业巡视记录模板 设备专业巡视标准化作业指导卡
智能巡检机器人		一类变电站每2天至少巡视1次；二类变电站每3天至少巡视1次；三类变电站每周不少于1次；四类变电站每两周不少于1次；特殊时段和特殊天气应增加特巡	《国家电网公司变电运维管理规定（试行）》[国网（运检/3）828—2017]第十六章	智能巡检机器人工作流程	智能巡检机器人台账及告警值设定、修改记录模板
保供电		按照保供电方案（通知）或电网风险管控措施单执行	《国家电网公司变电运维管理规定（试行）》[国网（运检/3）828—2017]第八章、《国家电网公司电网设备供电保障运维管理规定》	保供电工作流程	全面巡视记录模板 保供电期间变电站防护指导卡
倒闸操作		倒闸操作时	《国家电网公司变电运维管理规定（试行）》[国网（运检/3）828—2017]第九章	倒闸操作工作流程	倒闸操作票模板

续表

工作项目	工作小项	完成时间或周期	依据	工作流程	工作记录标准
防误闭锁装置管理		每年春季、秋季检修预试前	《国家电网公司变电运维管理规定（试行）》［国网（运检/3）828—2017］第十四章	防误解锁工作流程	解锁钥匙使用记录模板
					防误闭锁装置台账模板
				防误装置管理工作流程	防误闭锁装置检查记录模板
工作票管理		每天检查当日已执行的工作票。每月初汇总分析工作票的执行情况	《国家电网公司变电运维管理规定（试行）》［国网（运检/3）828—2017］第十章	工作票管理工作流程	工作票考评封皮模板
设备维护	避雷器动作次数、泄漏电流抄录	每月1次，雷雨后增加1次	《国家电网公司变电运维管理规定（试行）》［国网（运检/3）828—2017］第十二章	设备维护工作流程	避雷器动作及泄漏电流记录模板
	高压带电显示装置检查维护	每月1次			例行巡视记录模板
	单个蓄电池电压测量，蓄电池内阻测试	单个蓄电池电压测量每月1次，蓄电池内阻测试每年至少1次			蓄电池检测记录模板
	在线监测装置维护	每季度1次			全面巡视记录模板
	全站各装置、系统时钟核对	每月1次			全面巡视记录模板
	防小动物设施维护	每月1次			防小动物措施统计表模板
	安全工器具检查	每月1次			安全工器具检查记录模板
					安全工器具台账记录模板
					安全工器具试验计划表模板

续表

工作项目	工作小项	完成时间或周期	依据	工作流程	工作记录标准
设备维护	消防器材维护，消防设施维护	消防器材每月1次，消防设施每季度1次		设备维护工作流程	消防设施、器材台账模板
					消防设施检查表模板
	微机防误装置及其附属设备（电脑钥匙、锁具、电源灯）维护、除尘、逻辑校验	每半年1次			防误闭锁装置检查记录模板
	接地螺栓及接地标志维护	每半年1次			全面巡视记录模板
	排水、通风系统维护	每月1次			辅助设施检查记录表模板
	漏电保安器试验	每季度1次			辅助设施检查记录表模板
	室内、外照明系统维护	每季度1次			辅助设施检查记录表模板
	机构箱、端子箱、汇控柜等的加热器及照明维护	每季度1次			全面巡视记录模板
	安防设施维护	每季度1次			辅助设施检查记录表模板
	二次设备清扫	每半年1次			全面巡视记录模板
	电缆沟清扫	每年1次			全面巡视记录模板
	事故油池通畅检查	每5年1次			全面巡视记录模板
	配电箱、检修电源箱检查、维护	每半年1次			全面巡视记录模板

续表

工作项目	工作小项	完成时间或周期	依　据	工作流程	工作记录标准
设备维护	室内 SF_6 氧量告警仪检查维护	每季度 1 次		设备维护工作流程	辅助设施检查记录表模板
	防汛物资、设施全面检查、试验	每年汛前			防汛物资台账检查记录模板
轮换试验	收发信机测试	按保护专业有关规定进行高频通道的对试工作	《国家电网公司变电运维管理规定（试行）》[国网（运检/3）828—2017] 第十二章	轮换试验工作流程	设备定期试验轮换记录模板
	变电站事故照明系统试验	每季度 1 次			
	主变压器冷却电源自投功能试验	每季度 1 次			
	直流系统中的备用充电机试验	应半年进行 1 次			
	变电站内的备用站用变压器启动试验	应启动试验 1 次（每次带电运行不少于 24h）			
	站用交流电源系统的备自投装置切换	每季度 1 次			
	强油（气）风冷、强油水冷的变压器冷却系统，各组冷却器的工作状态（工作、辅助、备用状态）轮换	每季度 1 次			
	GIS 设备操作机构集中供气的工作和备用气泵轮换	每季度 1 次			

续表

工作项目	工作小项	完成时间或周期	依 据	工作流程	工作记录标准
轮换试验	通风系统的备用风机与工作风机轮换	每季度1次		轮换试验工作流程	设备定期试验轮换记录模板
	UPS系统试验	每半年1次			
带电检测	一、二次设备红外热成像检测	特高压变电站红外测温每周不少于1次，500kV（330kV）及以上变电站每2周1次，220kV变电站每月1次，110kV（66kV）及以下变电站每季度1次，迎峰度夏（冬）、大负荷、新设备投运、检修结束送电期间要增加检测频次	《国家电网公司变电运维管理规定（试行）》［国网（运检/3）828—2017］第十三章		设备测温记录模板
					变电站红外热像检测报告模板
					红外检测异常报告模板
					电气设备红外缺陷典型图谱库
	开关柜地电波检测	每年至少1次			开关柜暂态地电压局部放电检测报告模板
	变压器铁心与夹件接地	750～1000kV每月不少于1次；330～500kV每3个月不少于1次；220kV每6个月不少于1次；35～110kV每年不少于1次。新安装及A、B类检修重新投运后1周内			变压器铁心接地电流检测报告模板
	蓄电池内阻测试	每年至少1次			蓄电池内阻检测试验记录表模板
	蓄电池核对性充放电	新安装的阀控密封蓄电池组，应进行全核对性放电试验。以后每隔两年进行1次。运行4年以后的蓄电池组，每年做1次			蓄电池核对性充放电检测记录表模板

续表

工作项目	工作小项	完成时间或周期	依据	工作流程	工作记录标准
外来人员管理		外来人员访问时	《国家电网公司变电运维管理规定（试行）》［国网（运检/3）828—2017］第二十七章	外来人员管理工作流程	变电站外来人员登记记录模板
消防管理		每年至少1次	《国家电网公司变电运维管理规定（试行）》［国网（运检/3）828—2017］第十九章第一百〇二条	消防管理工作流程	消防设施、器材台账模板
					消防设施检查表模板
					消防精益化评价指导卡模板
防污闪管理		每年应根据专业班组校核结果，更新设备外绝缘台账，对外绝缘配置不满足污区等级要求的设备应重点巡视	《国家电网公司变电运维管理规定（试行）》［国网（运检/3）828—2017］第十九章第一百〇三条	防污闪管理工作流程	变电设备外绝缘配置统计表模板
防汛管理		每年汛前	《国家电网公司变电运维管理规定（试行）》［国网（运检/3）828—2017］第十九章第一百〇四条	防汛管理工作流程	防汛物资台账模板
					防汛工作检查表模板
防(台)风管理		每月1次、大（台）风前后	《国家电网公司变电运维管理规定（试行）》［国网（运检/3）828—2017］第十九章第一百〇五条	防（台）风管理工作流程	防（台）风检查表模板
防寒管理		秋冬交季前、气温骤降时	《国家电网公司变电运维管理规定（试行）》［国网（运检/3）828—2017］第十九章第一百〇六条	防寒管理工作流程	防寒检查记录表模板

续表

工作项目	工作小项	完成时间或周期	依据	工作流程	工作记录标准
防高温管理		高温天气来临前	《国家电网公司变电运维管理规定（试行）》[国网（运检/3）828—2017]第十九章第一百〇七条	防高温管理工作流程	防高温检查记录表模板
防雷管理		雷雨季节来临前	《国网设备部关于进一步加强雷雨季节变电站运维工作的通知》	防雷管理工作流程	防雷检查记录表模板
防潮管理		与全面巡视一同开展	《国家电网公司变电运维管理规定（试行）》[国网（运检/3）828—2017]第十九章第一百〇八条	防潮管理工作流程	防潮检查记录表模板
防小动物管理		与全面巡视一同开展	《国家电网公司变电运维管理规定（试行）》[国网（运检/3）828—2017]第十九章第一百〇九条	防小动物管理工作流程	防小动物措施统计表模板
防鸟害管理		与例行巡视一同开展	《国家电网公司变电运维管理规定（试行）》[国网（运检/3）828—2017]第十九章第一百一十条	防鸟害管理工作流程	防鸟害排查统计表模板
防沙尘灾害管理		风沙季来临之前	《国家电网公司变电运维管理规定（试行）》[国网（运检/3）828—2017]第十九章第一百一十一条	防沙尘灾害管理工作流程	防沙尘灾害检查表模板
防地震灾害管理		地震预警解除后	《国家电网公司变电运维管理规定（试行）》[国网（运检/3）828—2017]第十九章第一百一十二条	防地震灾害管理工作流程	全面巡视记录模板

续表

工作项目	工作小项	完成时间或周期	依　据	工作流程	工作记录标准
防外力破坏管理		与全面巡视一同开展	《国家电网公司变电运维管理规定（试行）》[国网（运检/3）828—2017] 第十九章第一百一十三条	防外力破坏管理工作流程	变电站周边隐患台账模板
设备缺陷管理		危急缺陷处理，不超过 24h； 严重缺陷处理，不超过 1 个月；需停电处理的一般缺陷，不超过 1 个检修周期，可不停电处理的一般缺陷，原则上不超过 3 个月	《国家电网公司变电运维管理规定（试行）》[国网（运检/3）828—2017] 第十一章	设备缺陷管理工作流程	设备缺陷记录模板
					设备缺陷分类标准
故障及异常处理		设备发生故障或异常时	《国家电网公司变电运维管理规定（试行）》[国网（运检/3）828—2017] 第二十三章	故障及异常处理工作流程	断路器跳闸记录模板
安全工器具管理		每半年 1 次（清点盘查）	《国家电网公司变电运维管理规定（试行）》[国网（运检/3）828—2017] 第二十四章	安全工器具管理工作流程	安全工器具台账模板
					安全工器具检查记录模板
					安全工器具试验计划表模板
仪器仪表管理		按照仪器仪表校验周期检验，确保未超期	《国家电网公司变电运维管理规定（试行）》[国网（运检/3）828—2017] 第二十五章	仪器仪表管理工作流程	仪器仪表及工器具台账记录模板
					仪器仪表借用记录模板

续表

工作项目	工作小项	完成时间或周期	依　据	工作流程	工作记录标准
备品备件管理		每月1次	《国家电网公司变电运维管理规定（试行）》[国网（运检/3）828—2017] 第二十八章	备品备件管理工作流程	备品备件台账记录模板
					备品备件使用记录模板
					备品备件检查记录模板
危险品管理		与全面巡视一同开展	《国家电网公司变电运维管理规定（试行）》[国网（运检/3）828—2017] 第十九章第一百一十四条	危险品管理工作流程	危险品台账模板
生产用车管理		使用车辆时	《国家电网公司变电运维管理规定（试行）》[国网（运检/3）828—2017] 第二十六章	生产用车管理工作流程	生产用车使用记录模板
辅助设施管理		与全面巡视一同开展	《国家电网公司变电运维管理规定（试行）》[国网（运检/3）828—2017] 第十七章	安防设施管理工作流程	辅助设施检查记录表模板
				采暖、通风、制冷、除湿设施管理工作流程	
				照明系统管理工作流程	
精益化管理评价		评价周期为3年，每座变电站3年内开展1次精益化评价。每年评价变电站数量为管辖范围内变电站总数的1/3	《国家电网公司变电评价管理规定（试行）》[国网（运检/3）830—2017]	精益化管理评价工作流程	变电站精益化检查问题明细表模板
					精益化评价自查汇总表模板
					精益化评价整改情况统计表模板
					精益化管理评价指导卡

续表

工作项目	工作小项	完成时间或周期	依　据	工作流程	工作记录标准
设备年度状态评价		每年 5 月	《国家电网公司变电运维管理规定（试行）》[国网（运检/3）828—2017] 第五章	设备年度状态评价工作流程	设备年度状态评价报告模板 设备状态检修综合报告模板 设备状态统计表模板 设备状态评价情况模板 逐站评价表模板 设备状态评价指导卡
设备动态评价		设备重要状态量发生变化时：危急缺陷应立即开展，严重缺陷应在 24h 内完成，一般缺陷应在 1 周内完成	《国家电网公司变电运维管理规定（试行）》[国网（运检/3）828—2017] 第六章	设备动态评价工作流程	设备动态评价报告模板

附录B 引用制度标准

序号	制度（标准）名称	制度（标准）编号
1	《1000kV交流特高压变电站运行标准化管理规范》	生变电〔2012〕91号
2	《输变电设备状态检修试验规程》	Q/GDW 1168—2013
3	《国家电网公司电力安全工作规程（变电部分）》	Q/GDW〔2013〕1650号
4	《输变电一次设备缺陷分类标准》	Q/GDW 1906—2013
5	《变电站智能设备运行维护导则》	Q/GDW 1969—2013
6	《智能变电站运行管理规范》	Q/GDW 750—2012
7	《输变电设备风险评估导则》等32项运维检修标准	国家电网企管〔2014〕644号
8	《国家电网公司关于印发（变电站监控系统图形界面规范）的通知》	国家电网企管〔2014〕937号
9	《国家电网公司十八项电网重大反事故措施（2018年修订版）》	国家电网设备〔2018〕979号
10	《国家电网公司关于印发加强重要变电站管理意见的通知》	国家电网运检〔2013〕1084号
11	《国家电网公司关于印发防止变电站全停十六项措施（试行）的通知》	国家电网运检〔2015〕376号
12	《国家电网公司电网设备消防管理规定》	国网（运检/2）295—2014
13	《国家电网公司防汛及防灾减灾管理规定》	国网（运检/2）407—2014
14	《国家电网公司变电运维检修管理办法（试行）》	国网（运检/2）826—2017
15	《国家电网公司生产准备及验收管理规定》	国网（运检/3）296—2014
16	《国家电网公司电网设备缺陷管理规定》	国网（运检/3）297—2014
17	《国家电网公司电网设备状态检修管理规定》	国网（运检/3）298—2014
18	《国家电网公司电网设备状态监测系统管理规定》	国网（运检/3）299—2014
19	《国家电网公司运检装备配置使用管理规定》	国网（运检/3）300—2014
20	《国家电网公司生产服务用车管理规定》	国网（运检/3）409—2014
21	《国家电网公司电网备品备件管理规定》	国网（运检/3）410—2014
22	《国家电网公司变电验收管理规定（试行）》	国网（运检/3）827—2017
23	《国家电网公司变电运维管理规定（试行）》及28类运维细则	国网（运检/3）828—2017
24	《国家电网公司变电检测管理规定（试行）》	国网（运检/3）829—2017
25	《国家电网公司变电评价管理规定（试行）》	国网（运检/3）830—2017
26	《国家电网公司变电检修管理规定（试行）》	国网（运检/3）831—2017
27	《国家电网公司电网设备供电保障运维管理规定》	国网（运检/4）315—2014

续表

序号	制度（标准）名称	制度（标准）编号
28	《国家电网公司生产技术改造和设备大修项目验收管理规定》	国网（运检/4）318—2014
29	《国网内蒙古东部电力有限公司工作票实施细则》	蒙东电安质〔2019〕473 号
30	《国网内蒙古东部电力有限公司倒闸操作实施细则 》	蒙东电运检〔2013〕410 号
31	《国网蒙东电力关于进一步加强变电站防误装置解锁工具使用审批管理的紧急通知》	蒙东电运检〔2016〕344 号
32	《国网蒙东电力关于印发变电站生产辅助系统运维管理指导意见的通知》	蒙东电运检〔2016〕664 号
33	《国家电网公司防汛管理应急处理预案》	国家电网生技〔2005〕399 号
34	《国家电网公司防止电气误操作装置管理规定》	国家电网安监〔2018〕1119 号
35	《国家电网公司技术监督管理规定》	国家电网企管〔2017〕401 号
36	《内蒙古东部电力有限公司生产检修综合作业计划管理办法》	蒙东电运检〔2013〕105 号
37	《国网设备部关于印发变电站（换流站）消防设备设施等完善化改造原则（试行）的通知》	设备变电〔2018〕15 号
38	《国网设备部关于加快推进变电站消防隐患治理工作的通知》	设备变电〔2018〕16 号
39	《国家电网公司安全事故调查规程》	国家电网安监〔2011〕2024 号
40	《国网设备部关于进一步加强雷雨季节变电站运维工作的通知》	国网设备变电〔2019〕39 号
41	《国网内蒙古东部电力有限公司关于加强和规范输变电工程验收及启动试运管理的指导意见的通知》	蒙东电建设〔2019〕180 号